· 教育部人文社会科学研究项目“数字经济对区域碳排放的影响效应及作用机制研究”（22YJC790086）
· 黑龙江省属本科高校中央支持地方高校改革发展资金高水平人才培养项目“国家‘双碳’战略与市场经济主体道德建设接驳研究”（14011202101）

“双碳”战略下 我国油气资源开发水土保持生态补偿标准及制度研究

Study on Ecological Compensation Standard and System for Soil and Water Conservation in China’s Oil and Gas Resources Development under “Double Carbon” Strategy

刘洋　颜冰◎著

中国财经出版传媒集团
经济科学出版社
Economic Science Press
·北京·

图书在版编目（CIP）数据

“双碳”战略下我国油气资源开发水土保持生态补偿标准及制度研究/刘洋，颜冰著. -- 北京：经济科学出版社，2024. 7. -- ISBN 978 - 7 - 5218 - 6150 - 1

Ⅰ. TE3；S157. 2

中国国家版本馆 CIP 数据核字第 2024XV9370 号

责任编辑：杜　鹏　武献杰　常家凤
责任校对：李　建
责任印制：邱　天

“双碳”战略下我国油气资源开发水土保持生态补偿标准及制度研究
“SHUANGTAN” ZHANLÜEXIA WOGUO YOUQI ZIYUAN KAIFA SHUITU BAOCHI SHENGTAI BUCHANG BIAOZHUN JI ZHIDU YANJIU
刘　洋　颜　冰◎著
经济科学出版社出版、发行　新华书店经销
社址：北京市海淀区阜成路甲 28 号　邮编：100142
编辑部电话：010-88191441　发行部电话：010-88191522
网址：www. esp. com. cn
电子邮箱：esp_bj@ 163. com
天猫网店：经济科学出版社旗舰店
网址：http：//jjkxcbs. tmall. com
固安华明印业有限公司印装
710 × 1000　16 开　10. 25 印张　170000 字
2024 年 7 月第 1 版　2024 年 7 月第 1 次印刷
ISBN 978 - 7 - 5218 - 6150 - 1　定价：88. 00 元
（图书出现印装问题，本社负责调换。电话：010 - 88191545）

序　言

实现碳达峰碳中和是顺应绿色发展时代潮流、推动经济社会高质量发展及可持续发展的必由之路。国务院印发的《2030 年前碳达峰行动方案》提出实施“碳达峰十大行动”，将水土流失综合治理纳入碳汇能力巩固提升行动。

油气资源开发过程扰动资源开采地区原始的自然环境、地质地貌和水文情况，占压土地、落地原油、注水采油、水力压裂等导致水土保持生态服务功能下降，成为影响油气产区生态环境的主要因素之一。水土保持补偿制度是解决油气资源开发经济利益与水土生态环境利益之间冲突、协调利益相关者之间关系的有效措施。我国现有油气资源开发水土保持补偿制度为水土保持补偿费制度，本书运用理论分析、逻辑分析、比较分析、抽样分析、定量分析、规范分析等研究方法剖析现有制度存在的问题，运用生态价值评估方法测算油气生产期间补偿标准，结合“双碳”战略背景下水土保持的新任务、新挑战，重构油气资源开发水土保持补偿制度，以期为国家制定油气等矿产资源开发生态补偿制度提供一定的理论依据，为完善环境规制政策法规提供一定的参考。

一、研究内容与理路

本书将油气资源开发所涉及的水土保持生态补偿制度等非市场领域问题纳入经济研究视野，将多学科理论运用到油气资源开发环境规制研究中来，提出具体的水土保持补偿制度重构建议。

第一，明晰“双碳”战略、油气资源开发、水土流失、水土保持、水土保持生态服务功能、水土保持生态补偿制度等概念。说明油气资源开发水土保持的碳汇作用，揭示对“双碳”战略目标实现的重要意义。从经济学、生态学、伦理学等角度阐释相关理论，总结主要基本理论在油气资源开发及其生态环境领域的具体表现。从生态、社会、经济复合系统视角以及利益主体行为博弈视角和成本收益视角，进一步探寻生态补偿制度的本质特征和关系机理，为本书的研究提供理论依据。

第二，对我国水土保持补偿制度历史演变进行全景式梳理和思考，其演变大体上经历了探索起步、改革发展和完善补充三个发展阶段。说明我国油气资源开发水土保持补偿制度现状，重点剖析现行补偿制度在法律体系、补偿标准、补偿渠道、监测监督等方面存在的问题，从根本上探寻制度建立的阻碍和发展缺失，总结了石油企业资源开发水土流失的主要防治措施和效果，进一步明确我国油气资源开发水土保持补偿制度完善的途径。

第三，比较美国、澳大利亚、哥伦比亚、德国等水土流失防治及生态补偿的制度实践，得到健全水土保持法律制度、加强水土流失预防监督、优化生态环境相关税费、拓宽水土保持筹资渠道等启示，为我国油气资源开发水土保持补偿制度重构提供参考和借鉴。

第四，分析了我国水土流失总体情况和油气资源开发水土流失的区域特征，阐述油气资源开发作用生态因子的影响，对比研究油气资源开发建设期和开采期两个阶段对水土保持生态服务功能的影响表现，说明对这两个阶段应予以区别补偿。

第五，综合运用生态价值估算方法构建评价指标体系，估算油气资源开发水土流失区域内典型油气田所在省域单位土地面积水土保持生态服务功能价值。以此为基础数据，根据油田整体占地面积并考虑落地原油污染问题折损测算油气资源开采期单位产量损耗的水土保持生态服务功能价值在0.69~7.92元/吨/年之间，平均为2.42/吨/年，为科学制定补偿标准提供参考。

第六，基于补偿制度的构成要素设计了油气资源开发水土保持补偿制度重构的目标及总体框架，在现有水土保持补偿费制度基础上重构油气资源开发水土保持补偿制度和法律制度体系。制度要素重构具体包括：一是厘清油气资源开发水土保持补偿主体。补偿主体包括补偿给付主体、补偿接受主体和补偿实施主体。二是明确补偿客体。补偿客体即为水土环境生态利益，此部分生态利益可用水土保持生态服务功能进行衡量。三是确定补偿标准。现行水土保持补偿费征收标准中油气项目建设期间依据油田征占用土地面积一次计征是比较合理的。生产期间则应根据油田整体占地面积折损测算，采用单位产能损耗的水土保持生态服务价值进行衡量更加科学。四是拓宽补偿途径。广泛筹集资金，建立具有油气行业特点的生态补偿基金，通过鼓励油气企业进行自助补偿等拓宽补偿途径。五是增加补偿方式。在政府纵向补偿基础上提出运用横向市场补偿，依照市场化规则对生态环境破坏者进行惩戒并对环境保护者进行奖励补偿等。

第七，提出油气资源开发水土保持生态补偿制度的保障措施。具体包括强化水土保持方案审批管控、确立水土保持生态修复与治碳增汇指标考核体系、提高水土保持监测能力、增设地方油气环保专门监督机构、监督水土保持相关费用使用效果、提升油化企业的环境责任践履能力等。

本书的研究理路如图 0－1 所示。

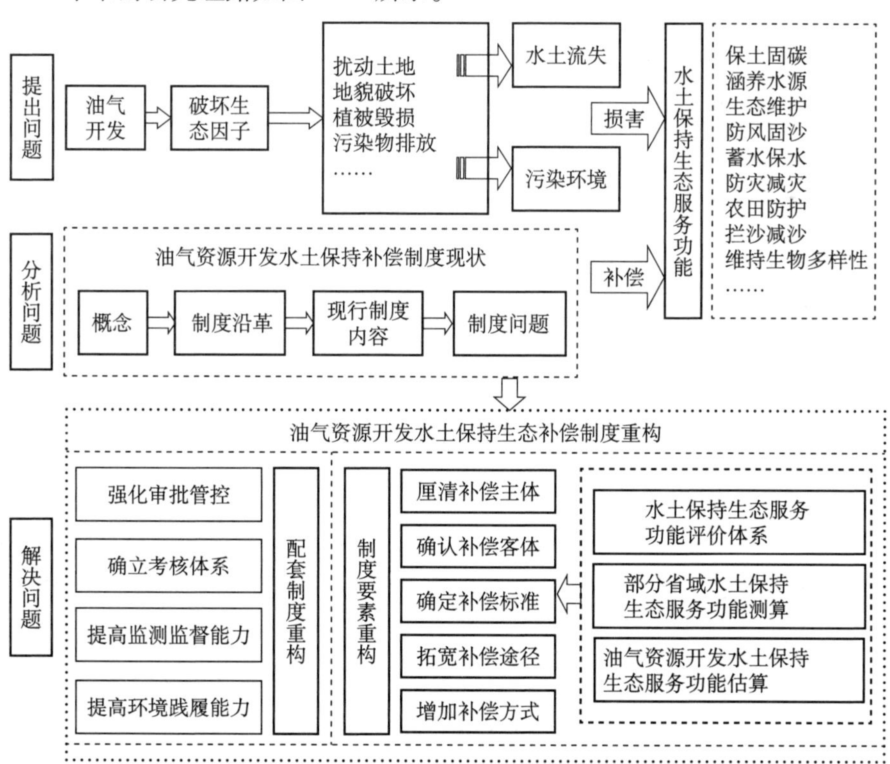

图 0－1　本书研究理路

二、研究建树与价值

为使本书更具科学性、创新性和可操作性，笔者广泛收集了油气资源开发、水土保持、生态环境和财政经济等领域的资料和信息。同时，结合基础数据和工作实际提出并切实运用生态服务功能价值评估方法，合理赋予油气资源开发水土保持生态补偿标准。围绕我国油气资源开发水土保持补偿制度进行了针对性的研究，在以下方面做了一些具体性的工作。

1. 根据油气资源开发区对水土环境影响情况将其划分为勘探开发和开采运营两个主要阶段：勘探开发阶段的影响主要体现在油气勘探、油气田地面工程建设、油气长输管道工程建设等扰动、占压土地，油气勘探具有周期短、流动性大的特点；开采运营阶段的影响主要体现在油气开采、油气管道运营等破坏水土环境方面，其对水土生态环境的影响具有隐蔽性和深远性特点。本书认为油气资源开发不同阶段对水土保持功能的影响因子和损害程度有一定差别，从显现时间、影响的生态因子、定量估算难度三方面进行了对比分析，并以此为依据得出结论：油气勘探开发阶段体现一般建设项目的属性，水土保持补偿费按照占用土地面积一次性征收比较合理；油气生产阶段持续时间长、潜在影响大，对水土保持生态服务功能的影响则与产量和占地面积均有一定关系，同等条件下，产能规模越大，油井数量越多，落地原油、注水采油、水力压裂、含油污泥处理等因素对水土保持生态服务功能影响就越大。因此，对水土保持功能的影响用产量进行衡量更加科学。

2. 梳理了我国油气资源开发水土保持补偿制度发展史。水土保持补偿制度大体上经历了探索起步（1957～1989 年）、改革发展（1990～2010 年）和完善补充（2011 年至今）三个发展阶段。2014 年，财政部、发改委、水利部出台《水土保持补偿费征收使用管理办法》，形成全国范围统一适用的水土保持补偿费制度。考虑油气资源开发方式对水土保持影响的特点，水土保持补偿费对油气资源采取不同于其他矿产资源的特别征收标准标志着油气资源开发水土保持补偿制度初现雏形。

3. 从水土保持补偿制度的构成要素入手，提出现行的油气资源开发水土保持补偿制度存在法律体系有待完善、补偿标准不够合理、补偿资金渠道狭窄、监测监督机制缺失等问题，难以适应生态文明建设的需要。进而针对新时代水土保持工作的新要求，发挥协调油气资源开发利益相关者之间关系的作用，应在认清补偿主体、明确补偿客体、改进补偿标准、拓宽补偿途径、丰富补偿方式等方面进行要素重构。

4. 运用生态价值评估方法，对油气资源开发损害的水土保持生态服务功能价值进行科学的货币化估算。估算分两步，先是以我国典型油气产区所在省份（黑龙江、吉林、山东、陕西、新疆、四川）为例，评估部分省域单位土地面积水土保持生态服务功能价值。然后，以此为基础数据估算油田永久占地、临时占地、落地原油等折损的生态服务功能价值，从而计算出油气资源开采期间单位油气产量下丧失或降低的水土保持生态服务功能价值，为水土保持生态补偿标准的制定提供定量参考。

5. 厘清油气资源开发水土保持补偿的给付主体、补偿接受主体和补偿实施主体。国家是水土保持生态补偿的重要给付主体，油气开发企业同样应成为油气资源开发水土保持补偿的重要给付主体。油气产品的消费者包括单位和自然人，虽然它（他）们是油气产品的受益人，但不宜成为油气水土保持补偿的直接补偿给付主体；补偿接受主体包括因水土保持功能降低或丧失受到影响的受害者和水土保持生态建设的贡献者等；补偿实施主体主要解决补偿给付主体和补偿接受主体之间难以对接的障碍，最适合且最能够发挥效用的补偿实施主体为油气富集区地方政府。

6. 构建了油气资源开发水土保持生态补偿法律制度体系。法律制度体系仍然以《中华人民共和国水土保持法》和《水土保持补偿费征收使用管理办法》为核心进行完善修订，在其他环境保护相关法律中体现油气资源开发水土保持生态补偿有关具体规定，增加水土保持相关法律法规，构建油气资源开发水土保持法律制度体系。

油气资源开发水土保持补偿制度建设是一项开创性的工作，上述成果还有很多需要进一步细化和研究的地方，具体内容需随油气资源开发进程及出现的水土环境问题不断进行完善。

在理论层面上，本成果一方面有助于推动“双碳”战略下我国生态补偿制度理论体系的创新与发展，厘清油气资源开发相关者利益关系，测算以吨油产量为依据的水土保持补偿标准，重构水土保持补偿制度，丰富我国生态补偿理论的研究内容；另一方面，有助于促进油气资源开发环境规制理论研究，剖析导致水土流失加剧的重要因素——油气资源开发，拓展能源开发相关研究领域，强化环境规制下我国矿产资源开发生态补偿理论的研究。

在实践应用上，本成果为科学制定水土保持补偿费征收标准提供参考，有利于提高水土保持补偿费征收的效果，对水土保持补偿制度的改革与完善具有一定实践指导意义。其成果的应用还可以为油气产区地方政府制定具体的环境管理办法提供借鉴，为水土保持监管工作提供帮助。

三、研究方法与数据来源

本书主要采用了理论分析法、定量分析法、对比分析法和逻辑演绎法等研究方法。

研究立足于油气资源开发与水土生态安全，从外部性理论、公共产品理论、稀缺性理论、生态价值理论、生态伦理学理论对油气资源开发水土保持生态补偿进行理论分析，并着力分析主要基本理论在油气资源开发及其生态环境领域的具体表现。综合运用生态价值评价方法构建指标体系，定量估算油气资源开发水土流失区域内典型油气田所在省域单位土地面积水土保持生态服务功能价值。以此为依据，评估开采期油气产品单位产量所损耗的水土保持生态服务功能价值。对比分析油气资源开发建设期和开采期对水土保持生态服务功能的影响，提出分别补偿的建议。确定了从一般性理论研究到实地调研、从现象到本质再到解决现实问题方案的研究技术路线。水土保持补偿应从生态补偿一般性理论中汲取思路，围绕实地调研所发现的水土流失现实问题展开制度建设，从表象看本质，解决油气资源开发引发的生态环境问题。

由于本书学科跨度较大、涉及的领域较多，需要大量数据和资料支撑，笔者先后在北京、宁夏、甘肃、陕西、黑龙江等地油气企业调研，收集了大量的一手资料，在油气企业召开了5次专题研讨会，研究内容征求了10余个政府部门和油气企业意见，经多次论证形成研究成果。尽管已经基本掌握了现有条件下可能获取的相关资料，但由于与油气资源开发生态环境影响相关的很多基础工作还未完全做到位，一些基础数据难以获得，因此，本书只是尽量将能测量并具有一定说服力的价值内容纳入油气资源开发水土保持补偿标准的估算中，根据现有水土保持补偿费制度问题提出制度体系重构建议。在今后的研究中，笔者将针对本书存在的一些不足，进一步完善理论框架，不断改进测算方法，希望在基础数据更准确、翔实的情况下，进行更加科学、完善的研究。

生态补偿是一项功在当代、利在千秋的事业。顺应时代潮流，借鉴国际经验，立足中国国情，体现中国特色。衷心希望本书能够在推进“双碳”战略背景下油气等矿产资源开发水土流失生态补偿工作有序开展、切实保护生态环境、有效利用自然资源、促进我国经济社会发展上有所帮助。

刘洋　颜冰

2024 年 6 月

目　录

第1章　“双碳”战略与油气资源开发水土保持

1.1　问题的提出与现实面向

1.1.1　问题的提出

“双碳”战略已经被纳入我国生态环境保护体系整体布局，成为引领新一轮生态文明建设的动力引擎。为了争取2060年实现碳中和，中国将采取更有力的政策和措施，水土保持是实现碳中和的重要一环。治理水土流失，保护、改良和合理利用水土资源，建立良好的生态环境不仅是生态文明建设的需求，也是实现“双碳”目标的重要途径。

就现状而言，我国是世界上水土流失最为严重的国家之一，水土流失面积广，外力侵蚀严重。党中央高度重视生态环境建设，提出“绿水青山就是金山银山”，水土流失状况近几年有所改善。2017年，我国年均土壤侵蚀量高达45亿吨，全国沙化土地面积173万平方千米，石质荒漠化土地面积12万平方千米，草原过牧超载情况严重，可利用天然草原九成存在不同程度的退化[①]。水利部全国水土流失动态监测工作中统计，2022年，我国水土流失面积265.34万平方千米，与2011年相比，水土流失面积减少

① 王前进，王希群，陆诗雷，等．生态补偿的经济学理论基础及中国的实践［J］．林业经济，2019（1）．

了29.58万平方千米，但水土流失问题仍然不容忽视①。这种侵蚀除自然外力原因外，大规模生产建设项目及活动等人为因素也是导致水土流失的重要原因，严重的水土流失现状突出了经济发展与水土流失防治之间的矛盾。

石油和天然气是保障国家经济高速运转和安全的重要战略资源，油气资源开发是人为影响和破坏生态系统，造成水土保持功能下降或丧失的主要原因，水土保持生态补偿即针对资源开发行为产生的外部性成本外溢进行弥补，也就是对所影响的水土保持生态服务功能进行补偿。《全国水土保持规划（2015—2030年）》提到资源环境对经济发展的约束日益增强，资源供需矛盾突出，尤其中西部地区资源丰富，开发力度不断加大，由此带来的水土流失问题值得关注，资源开采造成的水土流失仍将是水土保持监管的重点。因此，协调油气产区生态环境之间的矛盾是生态文明建设的应有之义，进而需要生态补偿制度的规制。

为预防和治理水土流失，我国早在20世纪50年代就出台了水土保持法律制度。国务院于1957年制定了《水土保持暂行纲要》，1982年制定了《水土保持工作条例》，1991年颁布实施《中华人民共和国水土保持法》。该法规定了水土流失预防、治理、监督管理等基本制度。此后，多数省级人大常委会陆续出台了本行政区域水土保持法实施办法。但是，具体实施过程中也暴露出诸多问题，尤其是水土保持补偿费用征收方面表现突出，由于法律、行政法规和地方政府规章对水土保持补偿规费没有明确界定，因此，各地规定的收费名称不一，计征方式多样，有按征占用土地面积计征的，也有按产量计征的，还有按产品的销售额计征的。2014年，财政部、国家发展改革委、水利部、中国人民银行实施了《水土保持补偿费征收使用管理办法》（以下简称《办法》），即全国范围施行统一的水土保持生态补偿制度。考虑到油气资源本身和开发方式对水土环境影响的特点，开采期间对石油、天然气采取不同于其他矿产资源的水土保持补偿费计征办法在立法上是一个进步，由此初步形成油气资源开发水土保持补偿费制度。然而，除征收水土保持补偿费外，其他补偿方式几乎处于空白状态，

① 中国新闻网.2023年我国水土流失状况持续改善，生态质量稳中向好［EB/OL］.（2024-03-21）. https：//www.chinanews.com.cn/gn/2024/03-21/10184284.shtml.

水土保持生态补偿制度尚处于起步阶段。我国水土保持生态补偿制度还存在法律体系不完善、补偿标准不合理、资金渠道狭窄、监督机制缺失等问题，其补偿形式、依据、标准、途径等相关理论有待深入研究。不仅如此，在“双碳”战略背景下，我国已经进入防治水土流失、保护和合理利用水土资源的关键时期，亟须在国家层面完善矿产资源开发水土保持生态补偿制度，为实现生态文明建设提供必要支撑和保障。

1.1.2 研究目的

本书以油气资源开发水土保持生态补偿制度为研究对象，在研究了开发过程对水土保持生态服务功能的影响以及我国水土保持生态补偿制度现状的基础上，结合国外生态补偿实践经验，重构我国油气资源开发水土保持补偿制度，进一步明晰“谁来补”“补什么”“补多少”“怎么补”等问题。具体研究目的包括：

（1）估算油气资源开发单位产量折损的水土保持生态服务功能价值，为科学制定契合油气资源开发特点的水土保持补偿标准提供参考依据。

（2）厘清油气资源开发利益主体之间的关系，明晰油气资源开发水土保持补偿的主客体。

（3）通过对水土保持生态补偿制度补偿标准、补偿途径、补偿形式、法律体系等相关问题的深入研究，紧紧围绕水土保持补偿制度要素建立油气资源开发水土保持生态补偿制度优化体系框架，为健全矿产资源开发生态补偿制度提供理论支持。

1.1.3 研究主题与双碳的关系

油气等矿产资源开发是对已探明油田实施产能建设和石油生产的经济活动，开发过程影响油气产区原始的自然环境、地质地貌和水文情况，引发因水土流失引发的土壤沙化、草场退化、水体污染、侵蚀加剧等自然灾害，后者成为影响油气资源产区水土保持生态服务功能的主要因素。水土保持是生态文明建设的重要内容，是江河治理的重要措施，是提升生态系统质量和稳定性的有效手段。水土保持深刻改变着地表覆被和结构、土地利用方式和陆地生态系统的经营措施等，而陆地生态系统中植被和土壤具有调控碳循环和固碳的重要功能，因此，水土保持是增强陆地碳汇能力的重要途径，是实现“双碳”战略目标的重要一环。

建立生态保护补偿制度是建设生态文明的重大内容和重要保障。碳达峰、碳中和已经被纳入生态文明建设整体布局，成为引领新一轮生态文明建设的动力引擎。要实现“双碳”目标的庄严承诺，转变发展方式和进行低碳结构性变革是核心。加强新时代水土保持工作是以习近平同志为核心的党中央作出的重要决策部署。作为我国系列生态工程和生态系统管理主要资金来源方式的生态补偿制度，是当下巩固和提升我国生态系统碳汇量最为经济有效的实现途径之一。

1.2 核心概念阐释

1.2.1 “双碳”战略

“双碳”战略是我国提出的两个阶段碳减排奋斗目标，即二氧化碳的排放争取在2030年达到峰值，到2060年实现中和。我国强化气候变化行动目标，彰显了大国的责任和担当。2014年11月，中美双方在北京发布应对气候变化的联合声明。我国首次正式提出2030年中国碳排放有望达到峰值，并于2030年将非化石能源在一次能源中的比重提升到20%①。

2020年9月22日，习近平主席在第七十五届联合国大会上将上述目标进一步加强，提出“力争于2030年前达到峰值，努力争取2060年前实现碳中和”。② 即在2030年前煤炭、石油、天然气等化石能源燃烧活动和工业生产过程以及土地利用变化与林业等活动产生的温室气体排放（也包括因使用外购的电力和热力等所导致的温室气体排放）不再增长，达到峰

---

① 中国政府网．中美气候变化联合声明［EB/OL］．（2014－11－12）．https：//www.gov.cn/xinwen/2014－11/13/content_2777663.htm.

② 中国政府网．习近平在第七十五届联合国大会一般性辩论上发表重要讲话［EB/OL］．（2020－09－22）．https：//www.gov.cn/xinwen/2020－09/22/content_5546168.htm.

值。而到 2060 年，针对排放的二氧化碳，要采取植树、节能减排等各种方式将其全部抵消掉，即为“碳中和”。

“双碳”战略是长期性的奋斗过程，一方面，技术更新、设备迭代、储能增效都需要发展的时间和空间；另一方面，传统化石能源无法在短时间内被取代。随着化石能源需求峰值点的前移，石油行业转型升级压力加大，油气资源开发对产区水土保持生态服务功能的影响不容小觑，由此引起的植被生产力降低和土壤有机碳迁移都强烈影响着生态系统碳循环过程和碳排放。水、土资源等自然体不能像人一样思考，拥有并行使权力，与人相比处于相对弱势，需要人类发挥主观能动性，以生态道德为依据建立规章制度，协调人类与自然界的关系。基于这种情况，本书拟从油气资源开发视角去探索水土保持生态补偿制度，拓展研究的行业领域。我国多领域齐头并进助力固碳，拿出抓铁有痕的劲头，如期实现 2030 年前碳达峰、2060 年前碳中和的目标。

1.2.2 油气资源开发

油气资源是指地壳或地表天然生成的、在经济上值得开采的，而技术上又能够开采的油气总和。通常是指在某一特定时间估算出的地层中已发现和待发现的油气聚集总量。

油气资源开发是一项包含多种工艺技术的系统工程，包括勘探、钻井、测井、井下作业、采油（气）、集输等工程，以及供排水、注水、供电、道路、通信、机修及矿区建设等系统配套设施。其中，与水土保持关系较为密切的工艺技术包括：

（1）钻井。钻井既是油（气）资源开发的主要工艺过程，也是对环境造成污染和破坏的重要因素之一，具体包括钻井过程中废弃的泥浆、岩屑、钻井污水，钻井用的柴油机排放的烟气、噪声，占地对地表植被的破坏以及可能造成新增的水土流失等。

（2）井下作业。井下作业是油田开发的重要工艺过程之一，一般在油井投产前及投产一段时间后进行。井下作业包括射孔、酸化、压裂、下泵、试油、洗井、修井、除砂、清蜡等一系列工艺过程。井下作业产生的环境影响因素主要包括洗井、压井液、落地油品等对水土保持生态服务功能造成的影响。

（3）地面工程建设。地面工程建设对水土环境的影响主要来自施工带清理、开挖管沟、场地平整等施工活动中作业机械、车辆和人员的践踏等对土地和植被的破坏，工程占用土地对农业生产的影响，以及可能造成新增水土流失的影响。

（4）注水。注水是采用高压泵通过注水井把水注入油层以保持油层压力，并达到以水驱油、提高采收率的目的。注水系统产生的环境影响主要是由事故状态导致的，一般分两种情况，一是地上管道、设备因腐蚀穿孔造成漏油，二是地下注水井因井壁固井质量不好或腐蚀穿孔使注入水漏失到地下水层。地面管道泄漏可能对周围土壤、农田、水体造成污染，地下注水井泄漏则可能对地下水环境造成污染。

（5）采油（气）。采油（气）过程可能产生的污染物主要包括挥发性的烃类气体、可能泄漏的凝析油、采油废水等，这些污染物都会对水土保持生态服务功能造成影响。

（6）油气集输。油气集输就是将油（气）井产出的原油、天然气、伴生气通过管道、阀组、站场等进行计量、输送、分离的过程。油气集输过程产生的污染物包括挥发性烃类气体以及各场站加热炉排放的烟气、含油污水等，这些污染物都会对水土保持生态服务功能造成影响。

1.2.3 水土流失与水土保持

《中国水利百科全书》根据作用力将水土流失明确定义为在水力、风力等自然营力和人类活动作用下水、土资源和土地生产力的破坏与损失，包括土地表层侵蚀及水的损失。

水土保持的概念以水土流失防治为出发点，由初期的“土壤保持”发展而来。1941 年由我国土壤学家黄瑞采先生最先提出，现已被国际普遍采用。水土保持是指因自然和人为活动因素造成水土流失所采取的预防和治理措施。水土保持以水土流失防治为目标，综合采取工程、林草、耕作等技术或管理措施，合理利用水资源，保护、改良和提高土地生产力，充分发挥水土资源的经济和社会效益，改善生态环境，实现经济社会可持续发展的目标。

1.2.4 水土保持生态服务功能

水土保持的直接目的是防治水土流失，根本目的是保持水土环境的生态服务功能。水土保持生态服务功能在学理上和法理上有不尽相同的解释。从学理上看，水土保持生态服务功能是陆地生态系统所固有的一种自然属性，是指陆地表面各种类生态系统自身所发挥或蕴藏的有利于保持和改良土壤、涵养水资源、提高生物生产力，以维持生态系统平衡发展的作用。从法理上看，水土保持生态服务功能指水土保持设施、地貌植被所发挥或蕴藏的有利于保护水土资源、防灾减灾、改善生态、促进社会进步等方面的作用。法理的解释倾向于人类的需要和偏好，表现了水土保持生态服务功能的社会属性。油气资源开发是人为影响和破坏生态系统造成的水土保持生态服务功能下降或丧失，而水土保持补偿是针对资源开发行为产生的外部性进行弥补，同时，也要针对水土保持生态服务功能进行补偿，故本书认为水土保持生态服务功能作为上述法理释义较为恰当。

美国斯坦福大学格雷琴·戴利（Gretchen Daily，1997）教授在专著中通过一个假设列出 13 项生态服务功能；生态经济学家罗伯特·康世坦（Robert Costanza，1997）在评估全球生态服务功能时，也区分了生态系统的功能类型，提出了 17 种生态系统服务功能。我国研究人员李建勇和陈桂珠（2004）将生态服务功能划分为 4 大类 23 种功能。根据《中华人民共和国水土保持法》的定义，水土保持生态服务功能（水土保持设施和地貌植被）主要包括保护水土资源功能、防灾减灾功能、改善生态功能、促进社会进步功能等四项功能，每项功能都有重要的作用和价值，如表 1-1 所示。

表 1-1　国内外学者对生态服务功能的划分

提出	功能分类
Gretchen Daily	大气和水的净化、洪涝干旱的缓解、废物的去毒和降解、土壤及肥力的形成和更新、作物蔬菜传粉、潜在农业害虫的控制、种子扩散和养分迁移、生物多样性维持、紫外线防护、气候稳定化、适当的温度范围和风力、多种文化和美学刺激

续表

提出	功能分类	
Robert Costanza	气体调节、气候调节、干扰调节、水调节、水供给、侵蚀制和沉淀物保持、养分循环、废物处理、土壤形成、授粉、生物控制、庇护所、食物生产、原材料、基因资源、娱乐、文化等	
李建勇和陈桂珠	调节功能	气体调节、气候调节、干扰调节、水调节、供水、土壤保持、土壤形成、养分循环、废物处理、传粉、生物控制
	生境功能	避难所、繁殖养育
	生产功能	食品、原材料、基因资源、药品资源、装饰资源
	信息功能	美学信息、娱乐旅游、文化艺术源泉、精神和历史、科学教育
《中华人民共和国水土保持法》	保护水土资源功能、防灾减灾功能、改善生态功能、促进社会进步功能	

资料来源：作者整理。

参考国内外学者对生态服务功能的分类，结合《中华人民共和国水土保持法》关于水土保持生态服务功能的定义，考虑水土保持林草措施、工程措施和耕地措施的作用情况，将水土保持生态服务功能归纳为以下六个方面：

（1）保持土壤功能。水土保持林草措施的保持土壤功能主要表现在：一是通过截留作用，使林冠及地表植物可以截留一部分雨水，减弱雨滴对地表的直接冲击和侵蚀，降低降水强度，减少和延缓径流并减少对土壤的侵蚀。二是由于林地土壤含有大量的腐殖质，其具有较高的透水性能和蓄水性能，使地表径流最大限度地转变为地下径流，这样可以减少地表径流量及其速度，从而减少土壤侵蚀。三是树木根系对土壤的固结作用。在森林土壤中，树木根系纵横交错，具有固结土壤、减少滑坡和地质灾害的作用。另外，水土保持工程措施中的梯田、淤地坝、谷坊等工程以及水土保持耕作措施中的免耕等在水土流失严重地区具有很强的防止土壤流失作用。

（2）涵养水源功能。水土保持林草措施和耕地措施都属于植物措施，地面植物具有截留降水、增强土壤下渗、抑制蒸发、缓和地表径流、增加降水等功能。这些功能可以延长径流时间，在暴发洪水时减缓洪水的流量，在枯水位时补充河流的水量，从而起到调节河流水位的作用。在空间上，森林能够将降雨产生的地表径流转化为土壤径流和地下径流，或者通过蒸发蒸腾的方式将水分送回大气中，进行大范围的水分循环，对大气降水进行再分配。

（3）固碳制氧功能。水土保持林草措施具有吸收 CO_2 和放出 O_2 的功能。植物的光合作用以 CO_2 为主要原料，CO_2 被固定在植物各种器官和组织中，是构成树林及果实生长的物质基础。树木的叶绿素吸收空气中的 CO_2 和 H_2O，将其转化为葡萄糖等碳水化合物，将光能转化为生物能储存起来，同时，释放出动物生存不可缺少的 O_2。因此，林草措施对维护大气中的 CO_2 和 O_2 的稳定具有重要作用，有助于缓和全球的温室效应，是氧气的“天然制造厂”。

（4）净化空气功能。发挥净化功能的水土保持措施主要是林草措施：一方面，其吸收污物。植物的树干、枝叶可以吸收、降解、积累和迁移大气中 SO_2、HF、NH_2、汞蒸气、铅蒸气等污染物质，起到对大气污染的净化作用。植物还能够过滤和吸收放射性物质，故能减少空气中的放射性物质。另一方面，其阻滞粉尘。粉尘是重要大气污染物之一，植物对它有很大的阻挡、过滤和吸附作用。树木形体高大、枝叶茂盛，具有降低风速的作用，大颗粒的灰尘因风速减弱，在重力作用下降于地面。树叶表面因为粗糙不平、多绒毛、有油脂和黏性物质，又能吸附、滞留和黏着一部分粉尘，从而使大气含尘量降低。

（5）生物多样性功能。水土保持林地和草地本身的生物多样性并不是很大，但它可以成为生物多样性存在的前提条件。因为它为多种植物提供了生境，也为动物和其他生物提供栖息条件、隐蔽条件和各种各样的食物资源。

（6）提供经济价值功能。水土保持林草措施和工程措施已成为重要的景观，这些景观的存在能够创造一定的经济价值。耕地措施通过作物供给提供农业生产经济价值。

1.3 国内外研究述评

水土流失是关乎人类生存和社会发展的重大生态安全问题，也是重要环境问题。水土保持补偿作为生态补偿的重要组成部分，已经成为水土流失研究的一个重要议题。通过系统梳理国内外水土保持生态补偿制度的相关研究成果，基本厘清该研究领域的研究现状，为探讨油气资源开发水土保持生态补偿制度研究和推进水土保持补偿机制的建立提供了理论研究基础。

1.3.1 国外研究综述

生态补偿（国外文献通常称之为对生态/环境服务付费，即 PES）在国外已形成丰富的研究成果，逐渐发展成为各国用以保护生态环境的重要手段。美国是最早明确提出水土保持补偿的国家，国外相关研究早于国内，但没有水土保持补偿的称谓，只是笼统地包含在生态补偿费之中。生态补偿作为恢复被破坏的生态系统、处理生态系统服务价值损失的有效手段，已经受到国际社会的广泛关注。

（1）水土保持补偿理论依据研究。水土保持补偿理论依据来源于生态补偿，国外学者对水土保持理论研究的观点有三种：一是产权交易理论。国外水土保持补偿体现为产权市场交易（Vincent，2007）。生态补偿在经济学领域的理论基础为有关产权交易的科斯定理。恩格尔等（Engel et al.，2008）指出科斯定理不同于庇古提出的政府干预方式，其更注重强调生态、经济效率的结合。科斯定理的产权市场交易理论对公共物品的分配与保护具有更积极的指导影响。二是庇古理论。根据庇古税收方案，防止公共产品负外部性的产生，由政府按照市场原则进行额外补贴（Pigou，1920）。格里马（Grima，2016）认为，政府作为宏观经济的调控机构，具有承担生态价值平衡的职责，应采取法律和经济手段完善市场。三是资源生态论。巴比等（Babi et al.，2016）认为生态补偿是减缓油气等矿产资源开发地区经济和生态贫困的重要手段，只有明确相关利益主体的职责和义务，构建科学系统的生态补偿机制才能实现收益和损失的公平。雷蒙那（Leimona，2015）认为，不可再生资源补偿的目的是让这些资源的使用价值能以其他资源的形式得到延伸，从而有利于经济和生态的持续发展。

（2）水土保持补偿标准研究。国外水土保持补偿标准的研究成果可概括为关于水土保持生态服务功能价值和水土流失经济损失估算的研究。从

20 世纪 80 年代开始对水土流失损失进行估算，其中，以回归分析为基础的模型化估算方法居多，这一方面也得益于美国所具有的较为全面的一系列大面积水文、农业等良好实测数据资料基础。克罗森（Crosson，1983）运用 USLE 模型分析美国土壤流失与玉米等农作物产量损失之间的关系。科拉等（Cola，1990）以 1982 年土壤流失为例，预估未来百年后可能的土壤流失速度，说明作物改良技术对土壤流失影响效果不明显，产量损失的关键取决于土壤流失速率。克拉克（Clark，2005）通过计算水土流失给非农业和农业造成损失认为，非农业损失是农业损失的两倍，约 20 亿美元。麦格拉思（Magrath，2000）采用机会成本法、预防费用法等方法评估世界银行给予我国黄土高原水土保持项目贷款行为在减少黄河下游泥沙方面取得的经济效益。特兰（Tran，2016）采用生态服务功能评估方法对越南河滨省水土保持生态服务功能进行评估，值得我国借鉴。

（3）矿产资源开发对水土环境影响研究。国外研究普遍认为油气等矿产资源开发对水土环境负外部性影响不容小觑，水土保持补偿是协调油气等矿产资源开发与水土保持的重要途径，是生态价值补偿的有效调节手段（Gylfason，2001；Allen，1993）。基尔伯恩（Kilburn，1990）、韦尔默（F. W. Wellmer，2012）认为油气等矿产资源开发扰乱了地形地貌、植被覆盖、土地、水文等复杂生态系统，并对矿区所在地的水土保持设施等产生强烈影响。弗林德斯等（Firdes，2012）运用 GIS 工具分析矿山污染源的传输路径，评价土耳其某废弃煤矿的污染程度。凯瑟琳（Catherine，2002）、威廉（William，1998）运用 LCA 对油气资源开发土地利用影响进行评价，估算水土流失的影响程度。穆罕默德等（Mohammed，2000）、尼亚克（Niak，2017）提出生态补偿是协调资源开发造成水土流失的重要途径，是生态价值补偿的有效调节手段。

（4）矿产资源开发对水土保持补偿研究。洛伊斯（Lois，2013）提出油气等矿产资源开发所发生的损耗应通过征收权利金进行补偿。莫兰（Moran，2007）以苏格兰地区居民为对象，采用层次分析法分析当地居民关于生态补偿方式的支付意愿，结果表明，居民更有意愿以税收形式参与补偿。穆蒂等（Mutti，2012）、徐小川等（2018）认为在提供矿产资源开发损耗现金形式补偿的同时，还应该注重提供矿产资源地区生产能力建设、恢复经济和生态可持续发展项目贷款以及增加矿区集体或个人收益的服务等补偿方式。弗雷德里克森（Frederilsen，2018）提出矿产资源开发收益要进行资本转化，以保持资本总量和财富总量的平衡，以维持区域环境的可持续发展能力。查尔内斯（Charnes，1978）依据产权外部性、区域自然差异、经济地理格局、区域资源本底等基础要素进行研究。兰由（Lanjouw，2010）建议油气等矿产资源开发所发生的损耗应通过征收权利金进行补偿。

1.3.2 国内研究综述

我国实施的矿产资源开发破坏生态环境的相关生态补偿实践可以追溯到1983年。近年来，我国在油气资源开发水土保持补偿研究方面形成了一些颇具价值的学术成果。但我国水土保持生态补偿制度的理论研究仍表现出一定的滞后性，对于为什么要进行补偿、谁负责补偿、补偿多少等关键问题并未从理论上达成共识，需要进一步探讨。

（1）水土保持补偿内涵的研究。生态补偿的概念源于生态学理论中的“自然生态补偿”（natural ecological compensation），即物种或自然系统受到扰动所表现出来的对于生态负荷的还原能力。学科侧重点不同，对生态补偿就有着不同解读。水土保持补偿的含义大多是结合水土保持特点，根据生态补偿概念推演而来，至今尚未有统一、明确的概括。根据研究的不同角度，我国学者对水土保持补偿的内涵有不同的见解，具体可归纳为：第一，水土保持补偿是水土保持生态建设外部性内部化的措施。毛显强（2002）从经济学角度指出，生态补偿是对生态、资源、环境损害者收费，对受益者补偿的一种经济措施。第二，水土保持补偿是资源利用行为造成水土环境破坏所应付出的代价。姜德文（2006）从生态、法理角度将其定义为利用自然资源所造成的水环境污染、土壤流失、水土保持能力下降或丧失等生态环境恶化行为所因此应付出的成本和代价。水土保持补偿是自然系统和社会系统和谐统一的相互补偿。第三，彭珂珊（2016）以系统论为基础指出，水土保持补偿是人类社会系统通过调整其内部成员间的相互利益关系、对自然生态系统进行适度干预、恢复水土保持生态服务功能、增强水土资源可持续利用与维护效果的一种补偿方式。

（2）水土保持补偿理论基础的研究。从根本上认识水土保持补偿，就必须从理论上寻找其源头和依据。通过文献梳理，学者多以经济学为基础展开分析，同时也涉及其他学科理论，具体表现为以下四点：一是水土保持生态效益具有经济外部性。郭升选（2006）认为经济活动造成水土环境破坏属于负的外部性，应遵循庇古思想，通过政府干预手段补贴正外部性、征税负外部性，从而将外部性“内部化”。二是水土保持生态服务功能产品具有商品属性。樊万选（2010）认为水土等生态环境系统具有商品和服务属性，人类生存和发展依赖这些商品和服务。三是水土保持生态建设成果具有公共物品属性。蒋毓琪（2016）以公共物品理论说明应解决好水土保持生态服务价值的“公地悲剧”及水土环境消费服务中的“搭便车”现象。对于自然资源利用和水土生态环境保护来说，群体之间、区域之间、代际之间都应享有平等的公共服务。四是水土资源可持续利用是追求负熵的过程。叶立国（2018）认为，政府可通过经济及其他补偿手段抵御水土环境系统由于外界干扰而形成的熵值增加，从而维持自然、经济、社会复合生态系统的健康发展。

（3）水土保持生态补偿制度要素的研究。

①关于水土保持补偿主体与客体。补偿主体分为两种：第一种，水土保持补偿主要由政府、破坏者、受益者三类主体构成。徐智（2015）就此分别进行了阐述：一是指导水土保持补偿工作的各级政府机构利用财政收入对补偿进行投入；二是对水土生态环境造成直接或间接破坏的单位和个人应根据损害测度向其征收生态补偿金；三是水土生态系统开发利用过程中的直接或间接受益者依据所获收益进行补偿。第二种，补偿主体随水土保持补偿的分类而不同。水土保持补偿机制研究课题组（2009）将水土保持补偿划分为预防保护、生产建设和治理三大类。预防保护类的补偿主体为享有保护行动带来生态效益的受益者，生产建设类的补偿主体为生产建设活动主体和承担建设项目的施工单位，治理类的水土保持补偿责任应主要由各级政府承担，付费主体也可以是个体、企业或区域。补偿客体也分为两种：第一种，环境破坏或经济效益受影响的区域应接受补偿。王振宇（2012）针对矿产资源开发等经济活动造成的水土流失对生态环境的破坏较大提出，必须对受影响区域进行大范围补偿。吴宇（2021）认为，生态系统服务功能在内容上涵盖环境容量和自然资源，可以被特定化和量化的生态系统服务功能损失是生态环境损害赔偿责任的前提，也是它的请求权

基础。第二种，水土流失受害者和水土保持贡献者应接受补偿。陈丽波（2015）认为水土流失的受害群体、流域生态系统遭到破坏的受损者、依法从事水土保持工作的单位与个人及水土保持生态保护与建设的贡献者都是接受补偿的对象。

②关于水土保持补偿标准。国内相关学者主要是在借鉴环境价值理论和资源定价方法的基础上，针对个案对水土保持补偿的补偿额度进行研究，并对指标和计算模型进行修正和调整，具体可概括为：一是生态价值法，即依据水土保持措施的生态服务功能价值推算并确定生态补偿标准的一种方法。霍学喜（2008）建立了水土保持生态服务功能价值与基本农田面积、水保措施面积等确定性指标的回归关系模型，依据油气资源开发过程对水土保持生态服务功能的损害程度，分析计算每开采单位产品消耗的水土保持生态服务功能价值并将其作为确定补偿标准的依据。二是损失量化法，即以水土流失带来的经济损失为生态补偿标准参考的一种方法。王振宇和连家明（2012）从毁坏土地资源、淤积水库江河湖泊、加重水土污染、加剧水旱灾害四大方面对水土流失的损失进行估算，汇总得出辽宁省水土流失造成的经济损失高达 185.14 亿元，并以此作为生态补偿标准的一个参考数值。三是水土保持生态服务功能物质量的计算法，即将水土保持所产生的生态服务功能价值量化的一种方法。如吴岚（2008）从水土保持工程措施、林草措施、农业措施、生态修复措施四方面汇总分析我国各省份水土保持生态服务价值，并进行动态分析。四是支付意愿法，即以补偿主体的支付意愿和补偿对象的受偿意愿作为补偿标准的一种方法。徐大伟等（2017）运用条件价值评估法对怒江流域水土保持补偿的支付意愿和受偿意愿进行了分析测算，最后确定生态补偿标准为 336.1 元/人/年。总之，学者们尚未形成一套普遍适用的水土保持补偿评价指标体系和评价标准，生态补偿不同评价体系还需要进一步分类展开研究。

③关于水土保持补偿途径。对于补偿资金从哪里来，学者有不同的理解，研究方向也在不断拓宽，具体可归纳为：首先，财政转移支付是生态补偿的首要渠道，包括中央政府向地方的纵向转移支付和区域之间的横向转移支付。黎元生等（2016）认为政府财政转移支付是我国区域开展水土保持补偿工作的主要资金来源，并以福建省为例说明其纵向政府财政转移制度较为完善，生态补偿资金多来源于此，而不同地区之间横向转移支付

还有待加强。其次，生态税费是水土保持补偿的重要支持。水土保持补偿税费制度包括资源税、消费税、水土保持补偿费、排污费等，此类生态税费能够有效解决我国生态补偿过程中的资金不足与如何分配问题。学者们对现有税费制度进行评价并提出完善建议，以期使其更规范、更标准、更公平。其中，讨论比较多的观点包括扩大资源税征税范围、完善水土保持补偿费和出台环境税。最后，生态基金是补偿资金的一项来源，将社会募集的资金依照一定管理制度分重点、分层次投向水土保持生态建设工程或区域。郑玲微（2011）分析中国各地现有的矿山环境恢复治理保证金制度缺乏统一性、规范性和可比性，建议在全国范围内全面实行矿山环境恢复治理保证金法律制度，并将其专门用于环境综合治理，解决因油气资源开发带来的生态环境问题。

④关于水土保持补偿方式。从补偿主体角度出发来看，水土保持补偿主要包括政府补偿和市场补偿两种方式。胡续礼（2007）对两种方式分别进行阐释，前者指由各级政府对参与水土保持生态建设和水土生态预防保护工作给予的资金补偿和政策扶持，后者依照市场化规则对生态环境破坏者进行惩戒，对环境保护者进行奖励的补偿方式。也有学者探索政策补偿、资金补偿、实物补偿、智力补偿、就业补偿等多种方式。姜德文（2006）提出对于因实施水土保持或生态环境保护而受到损失的农户进行粮食、农机、化肥等物质补偿。如吴朔桦（2017）提出发行生态债券和生态福利彩票，以吸纳社会捐款用于对水土保持行为的补偿。

（4）油气资源开发对水土环境影响的研究。我国油气资源开发对水土环境的影响研究主要侧重于水土流失和各类污染，可概括为两个方面：一是针对勘探开发、输油管道建设、油气开采的某一阶段或某一开采技术造成水土流失或污染进行定量研究。李昌林（2012）结合油气长输管道工程特点，提出水土环境影响评价的重点和评价方法。易莉（2007）从油气开发建设期和开采期两个阶段出发，分析吐鲁番地区油田开发对土壤、水环境的明显影响。顾廷富（2007）认为落地原油对土壤造成立体污染，污染横向迁移呈辐射状分布，纵向迁移范围距土壤表面达 10 厘米。张新华（2011）认为新疆等油田因采油注水引起的地面沉降、地表变形现象比较普遍，但由于幅度小、速度慢，并未引起足够重视。李国平（2014）认为全球因开采、运输、储存及事故泄漏等造成每年约有 900 万吨石油进入环境。二是基于对不同地区油气资源开发形成水土流失问题的分析结果，探讨应因对策。刘大平（2018）模拟分析大庆油田开采导致当地水文地质环境恶化的影响过程，提出规避和修复措施。李永红（2017）探讨新疆维吾尔自治区能源开发建设项目水土流失危害，由此提出针对能源开发建设项目的保护对策。

1.3.3 国内外研究评价

（1）国外研究评价。通过上述国外研究梳理发现，国外生态补偿相关研究开展早于国内，研究比较深入，生态补偿研究取得了丰富的成果。其中关于矿产资源开发生态补偿的理念、法律体系、补偿方式、计量标准等方面的研究成果，为国内油气资源开发水土保持生态补偿制度的研究提供了宝贵的经验，为国内矿产资源开发水土保持补偿机制的建立与完善提供了理论基础，具有一定的借鉴意义，也为研究奠定了一定的理论基础。

国外水土保持补偿研究主要针对水土流失方面展开，水土保持生态功能价值估算对象多为农业，专门针对油气资源开发水土保持补偿方面的研究并不多见。生态补偿的国外研究还表明，完善的生态补偿制度是发挥油气资源产区水土保持生态服务功能的有效途径，也是水土保持等环境管理模式创新的必然选择，值得借鉴。

（2）国内研究评价。通过上述国内研究梳理发现，国内学者主要围绕水土保持补偿的理论依据和制度要素展开研究，形成水土保持生态补偿制度的基本研究框架。然而，现有理论研究成果还难以满足国家、区域和行业生态文明建设需要，部分理论研究和实际应用之间还存在一定差距，区域、行业水土保持补偿个案研究并未形成一套广泛适用的实践应用机制，其研究局限性主要表现为：

①水土保持补偿主体和客体待明确。水土保持补偿的两个重要问题“谁补偿”和“补偿谁”还没有界定清楚，补偿主体缺乏全面性，客体缺少针对性，各利益相关者的权利和义务关系模糊，需要进一步明确辨识。

②水土保持补偿标准难确定。生态服务功能价值和损失的计算方法较多，不同方法计算的结果差别很大。流域、森林、农田、山地等因水土环境特征不同，无法得到统一的借鉴数据，评价的结果和补偿数额很难满足和符合生态补偿实际需要。

③区际水土保持补偿难以实现。我国的生态补偿探索较多地集中于政府纵向补偿，难以满足不同地区、不同流域的区际环境问题，区际横向转移支付有待跟进，市场化补偿有待加强。

④油气资源开发水土保持生态补偿制度方面的研究薄弱。油气资源开发对产区水土保持生态服务功能的影响不容小觑，具有油气行业特点的水土保持生态补偿制度处于初构阶段，理论研究仍处于起步阶段，油气资源开发的水土保持生态服务功能损害程度、评价指标、测算方法、费额标准以及补偿制度体系等方面的研究比较薄弱，严重滞后于实际需要，有必要进行深入而系统的研究。

总之，国内研究多从宏观角度探讨水土保持补偿，本书将从油气资源开发视角研究水土保持生态补偿制度，拓展研究的行业领域。在梳理国内外水土保持生态补偿制度的相关研究文献基础上，就现有成果研究存在的局限问题展开论述，以期对推动资源开发水土保持生态补偿制度改进有所裨益。

1.4 油气资源开发水土保持的碳汇作用

近年来，我国高度重视应对全球气候变化，制定并实施积极应对气候变化的国家战略，持续提高国家自主贡献力度。2021 年 10 月 24 日，国务院印发《2030 年前碳达峰行动方案》，聚焦 2030 年前碳达峰目标，对推进碳达峰工作作出了总体部署，要求各地区、部门和行业重点实施“碳达峰十大行动”，建立分领域、分行业碳达峰实施方案及保障方案，在“碳汇能力巩固提升行动”中提出加强退化土地修复治理、开展水土流失综合治理。

水土保持碳汇是指在对因自然因素和人为活动造成的水土流失采取预

防和治理措施后产生碳汇的过程或能力。矿产资源开发过程引发生态系统构成因子的改变，油气生产建设活动对水土流失的影响主要表现在占压土地、损坏水土保护设施和地貌植被，进而促使水土保持生态服务功能发生变化。这一影响不光存在于建设期，也存在于开采运营期，甚至开发结束后更久的时间。油气资源开发过程必须遵循生态平衡和资本收益递减的双重规律，在向自然界索取的同时也要积极回馈于自然。水土保持生态补偿制度着重解决资源利益获取与所承担环境保护义务不对等的问题，分割资源开发一部分既得利益，向生态权益受损者和生态环境维护者提供补偿。通过环境制度规制油气资源开发行为，保持水土以释放碳汇价值。

油气资源开发水土保持的碳汇作用通过林草措施、耕作措施和工程措施等实现。

（1）林草措施。林草等植物途径发生碳汇作用是通过植物的光合作用，吸收、同化空气中的CO_2形成纤维素［（$C_6H_{10}O_5$）$_n$］等有机质，这些有机质被储存在植物的干、枝、茎、叶、根当中，进而扩展到地表土壤和深层土体当中，形成植被碳汇和土壤碳汇实物，从而提升生态系统吸收碳汇的速度和能力。

（2）耕作措施。土壤途径发生碳汇作用主要是通过耕作措施的蓄水、保土和改善土壤等效益产生固碳增汇。一方面，减少或防止土壤流失，保护现有土壤碳素流失，巩固土壤固碳能力；另一方面，林草的凋落物、还田的作物秸秆、翻压的绿肥和根系分泌物向地表输入有机物质，不仅提升表层土壤有机碳含量和土体深层碳素含量，还能提高土壤碳汇增量。

（3）工程措施。水体途径发生碳汇作用主要是通过工程措施拦蓄、储存的水体和泥沙吸收CO_2等，积存有机物质增加碳汇。一方面，水体本身吸收和溶解CO_2，水体中的浮游植物等水生生物光合作用吸收并同化CO_2；另一方面，拦蓄积存的有机物质改变底泥植物组成，促进底泥碳循环，形成沉积物有机质，实现碳素埋藏，从而提升碳汇增量和总容量。

上述水土保持碳汇途径必然消减空气中的CO_2，并通过同化、化合等过程生成了有机的、无机的物质。这些水土保持碳汇实物主要包括生物量、无生命有机质（枯死木和枯落物）、土壤有机质、水体碳素等。水土保持措施碳汇作用过程如图1-1所示。

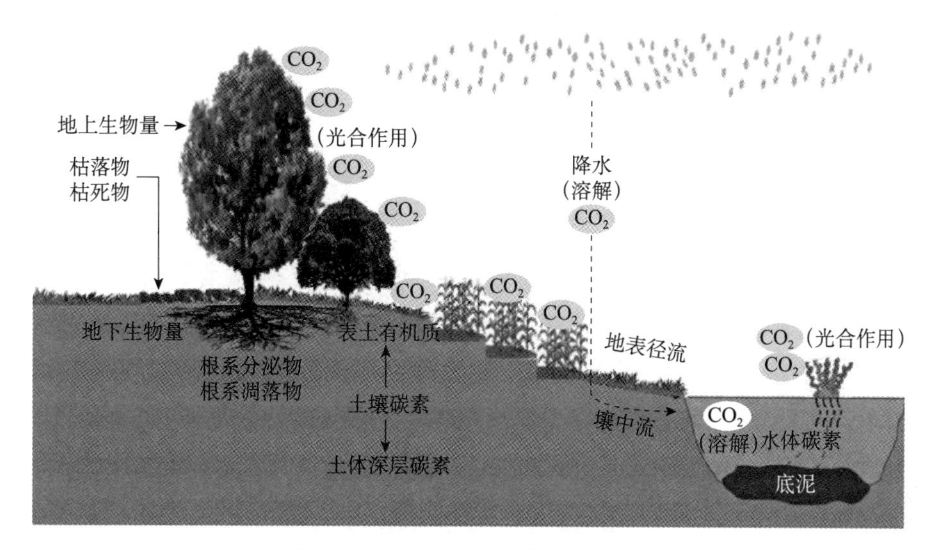

图1-1 水土保持措施碳汇作用过程

资料来源：李智广，王海燕，王隽雄．碳达峰与碳中和目标下水土保持碳汇的机理、途径及特征［J］．水土保持通报，2022（3）．

1.5 本章小结

“双碳”战略是顺应绿色发展时代潮流、推动经济社会高质量发展的必由之路。水土保持是增强陆地碳汇能力的重要途径，是实现“双碳”战略目标的重要一环。油气资源开发人为影响和破坏生态系统，造成水土保持功能下降或丧失，水土保持生态补偿即要求针对资源开发行为产生的外部性进行弥补，也就是对受影响的水土保持功能进行补偿。通过环境制度规制油气资源开发行为，保持水土以释放碳汇价值。

第2章　油气资源开发水土保持生态补偿制度的理论基础与建设机理

2.1　水土保持生态补偿制度

2.1.1　水土保持生态补偿制度含义

水土保持生态补偿制度的含义在不同领域有不同理解。

在经济学领域，水土保持生态补偿制度是为了解决生产建设活动过程中产生的经济外部性问题，通过对损害（或保护）水土资源的行为进行收费（或补偿），提高该行为的成本（或收益），从而激励损害（或保护）行为的主体减少（或增加）因其行为带来的外部不经济性（或外部经济性），由市场来实现对水土资源最优配置的制度安排。

在生态学领域，水土保持生态补偿制度是为了实现对水土资源的可持续利用，通过资源保护和合理开发利用，使水土流失控制在可允许的范围内，水土保持的功能得到充分的发挥，水土资源呈现良性再生循环的制度安排。

在法学领域，水土保持生态补偿制度是国家在管理和协调生产建设活动与水土保持补偿过程中发生的经济关系的法律规范的总称。

上述含义并不是对立的，是站在不同角度研究的结果，故水土保持补偿的目的并不是单一的，其目的既是解决外部不经济性的需要，也是恢复水土保持生态服务功能的需要。水土保持生态补偿制度源于生态补偿制度，是指以防止水土流失，恢复和维持水土自然生态系统的服务功能，以对生态环境产生或可能产生影响的生产、经营、开发、利用者为对象，以生态环境整治及恢复为主要内容，以经济调节为手段，以法律为保障的新型环境管理制度。水土保持生态补偿制度是生态补偿制度在水土保护领域的具体表现，也是加强水土保持工作和加大水土保持投入的最有效举措。目前全国范围统一适用的水土保持生态补偿制度主要遵循2011年修订的《中华人民共和国水土保持法》和2014年财政部、国家发展改革委、水利部和中国人民银行出台的《水土保持补偿费征收使用管理办法》。

油气资源开发水土保持生态补偿制度是为保护油气开发区自然生态系统服务功能和居民利益提供资金和制度保障，为生态保护者提供利益保障，为经济与生态协调发展提供机制保障，是管理和协调油气资源开发活动与水土保持补偿过程中发生经济关系的制度安排。然而，我国目前有关油气资源开发的水土保持生态补偿仅在《水土保持补偿费征收使用管理办法》的计费依据中被单独列示，其他制度内容涵盖在生态补偿制度中，个性并不突出。

2.1.2　水土保持补偿制度基本构成要素

水土保持生态补偿制度主要由补偿主体、补偿客体、补偿标准、补偿途径和补偿方式五方面构成，多要素共同发挥作用，解决水土保持补偿过程中的“谁补偿”“补偿谁”“补什么”“补多少”“如何补”等问题，如图2－1所示。

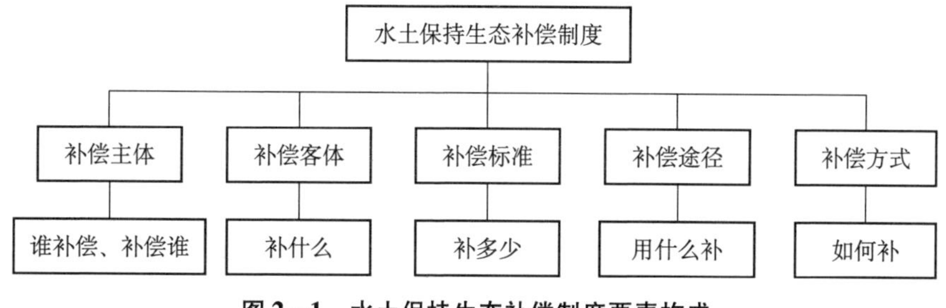

图2－1　水土保持生态补偿制度要素构成

（1）水土保持生态补偿主体。在权利、义务统一的基础上厘清补偿主体范围，解决“谁补偿”和“补偿谁”的问题，国家、政府、企业、个人都有可能成为水土保持生态补偿的主体。

（2）水土保持生态补偿客体。学术界对水土保持生态补偿客体观点不一致，容易将其和补偿接受主体混淆，水土保持生态补偿客体应解决“补什么”的问题。

（3）水土保持生态补偿标准是水土保持生态补偿额度的核算依据。目前我国水土保持生态补偿依据《关于调整水土保持补偿费收费标准（试行）的通知》的规定执行，各省地区、直辖市围绕国家征收要求制定当地征收标准。对水土保持的功能性补偿如何界定还有待深入研究，该项界定标准需要政府根据企业对水土环境破坏程度的不同作出相应的变化。首先，在实地调研、专家质询、与企业代表及居民代表深入沟通后，寻求公正、合理、公平的统一划分标准。其次，各地区的相关部门总结各地区水土流失特点，根据不同水土区域水土流失特点以及不同类别的生产建设项目和活动制定具体的水土保持生态服务功能恢复标准。

（4）水土保持生态补偿途径，指水土保持补偿资金的来源渠道。水土保持补偿资金主要来源于政府纵向财政拨款，为国家水土保持重点工程提供补助资金和生态修复。水土保持专项财政资金的主要来源是水土保持补偿费的征收和部分生态税费，政府应做好水土保持补偿费的征收工作，保障收缴率，规范资金使用管理制度。

（5）水土保持生态补偿方式，指水土保持补偿的具体表现形式，是解决“如何补”的问题。我国水土保持补偿主要是以政府补偿方式为主、市场补偿方式为辅，资金补偿是最直接、最现实的补偿方式。

2.1.3 其他相关税费辨析

（1）水土设施补偿费。该项收费是一种行政事业性收费，用于补偿在建设和生产过程中被损坏的水土保持设施，由代表国家行使水土保持职能的水利行政主管部门负责征收。所收费用可作为水土保持专项资金，用于水土流失综合防治，消除或降低水土流失带来的危害，使生态环境良性发展，以此作为造成水土流失的生产建设单位和个人向自然和社会的补偿。

（2）水土流失防治费。该项收费是单位和个人对从事生产建设活动可能造成的水土流失所承担的法律责任及义务的一种投入，指单位和个人在生产建设活动中需要防治水土流失而投入的费用。防治费不属于行政事业性收费，由企业自行选择、自行投资防治水土流失，或是缴纳防治费由政府部门治理，主要起到防治水土流失的作用。

我国于 1991 年颁布的《中华人民共和国水土保持法》及其实施条例规定，在不同省份征收水土设施补偿费、水土流失防治费等。该法于 2010 年修订通过，废止各省份自行征收水土设施补偿费、水土流失防治费，而是全国统一征收水土保持补偿费。由此可见，水土设施补偿费、水土流失防治费和水土保持补偿费是不同阶段水土保持规费的不同称谓，其在征收区域、征收依据、计费办法和征收管理等方面有较大差别。

（3）环境保护税。环境保护税是对超过规定标准排放污染物，按照排放污染物的数量和浓度收取的一种税收，通过征收环境保护税鞭策企业重视环境污染，减少污染物的排放量，促进生态环境的可持续发展。我国环境保护税自 2018 年 1 月开始征收，这标志着实行了 30 余年的排污费退出历史舞台。

水土保持补偿费和环境保护税均属于生态环境保护方面的税费，但在立法层次、作用方面有所不同，水土保持补偿费的立法层次低于环境保护税；水土保持补偿费是对生产建设活动损坏水土保持设施、地貌植被而缴纳的规费，目的在于促进水土流失防治工作，改善生态环境，主要具有预防和治理水土流失的双重作用；而环境保护税则针对在生产领域出现的水土污染、大气污染、固体废物等项目收费，目的在于保护和改善环境，减少污染物排放，主要具有治理污染的作用，属于污染物专项治理的一项税种。

2.2　油气资源开发水土保持生态补偿的理论基础

对理论基础进行分析有助于认识水土保持补偿的起源和根本依据。由于水土保持补偿不仅属于自然科学领域，也涉及社会科学的研究范畴，故针对其进行的理论基础研究被拓展到经济学、生态学、伦理学等多个学科领域。

2.2.1 外部性理论

外部性理论是经济学领域的重要理论，是指某种商品或服务的生产者和消费者在经济活动中对其他生产者和消费者超越于活动主体范围之外产生的影响，是一种成本或效益的外溢现象。外部性分为正外部性（即外部经济）和负外部性（即外部不经济）。从环境经济学看，如何内化水土环境破坏行为的外部性是水土保持补偿工作的核心问题。在如何使外部性内部化的研究中最著名的有福利经济学创始人庇古提出的“庇古税”和罗纳德·科斯提出的“科斯定理”。庇古税方案通过政府征税或补贴来矫正经济当事人的私人成本；科斯定理的精华在于发现交易费用，并提出其与产权安排的关系和对制度安排的影响。这两种经济学思想为解决生态环境问题提供了有效的方法借鉴。

油气资源开发过程造成地表扰动，破坏土壤性状和植被，加剧水土流失，带来生态环境负面问题，产生负外部性。而对因油气资源开发受损的水土保持生态服务功能进行补偿，开展水土保持工作，优化水土生态环境，为能源开发地区发挥良好的生态服务功能，具有正外部性。外部性内部化需要政府的干预，表现有二：一是对油气资源开发等生产建设活动征收水土保持补偿相关税费，通过增加其成本以控制其开发规模，从而减少外部经济供给量；二是将水土保持补偿税费专款用于受损地区的水土保持环境建设，通过政策支持和税收优惠等方式鼓励经济主体进一步发挥正外部性作用，以实现社会福利的最优解。

2.2.2 公共产品理论

西方经济学将社会产品分为私人产品和公共产品两类。与私人产品明确的专有性和排他性不同，纯粹的公共产品是指消费此类产品不会导致他人对该产品消费的减少，具有受益上的非排他性和消费上的非竞争性。受益上的非排他性表现为他人不必向生产者支付任何费用，而可以无偿享受公共产品所带来的效用，从而产生“搭便车”现象；消费上的非竞争性使得每个人都有权使用且无权阻止他人受益于公共产品，威胁有限的公共资源，从而导致“公地悲剧”。

油气资源开发对水土保持效益的消费影响了能源区人们的既得利益，使得水土保持生态服务效益的边际成本为零，从而形成“搭便车”现象。水土保持补偿所产生的生态效益是具有广泛社会性的公共产品，区域内的每个人都可以随意从水土保持所提供的生态功能中获取利益，且难以阻止他人的受益和不付费。但实际上，水土资源及其提供的生态服务功能是有限的，过度使用和消费势必引发供给不足，所以政府对水土保持类公共产品供给的介入也就理所当然，解决这一矛盾的有效措施就是实施水土保持生态补偿。基于公平性原则，通过建立水土保持生态补偿制度调整生产关系，限制公共资源的过度消费，激励水土保持生态服务功能的供给，改善水土生态环境，促进人类、自然和社会的共同可持续发展。

2.2.3　稀缺性理论

稀缺性理论在西方经济学理论中至关重要，资源稀缺性与人类需求无限性之间的矛盾是经济学的基础假设。资源的稀缺性是指社会资源是有限的，无法满足人类多种多样且无限的需求。因为资源稀缺性的存在，经济学领域不断探索如何通过有效的资源配置使人类福利达到最大化。

油气资源开发等生产建设活动与资源需求与供给之间的尖锐矛盾导致了水土资源环境稀缺程度的不断上升，一方面，表现为人类生存和油气资源开发等活动对自然界中的水、土地等可再生资源的消耗速度大大超过其再生能力；另一方面，油气资源开发大量消耗和污染水资源，破坏地面水土保持设施，干扰自然界的正常循环，加快了水土资源的稀缺性程度。由于水土保持工作投入大量人力、物力、财力，凝结了人类劳动成果，生态服务功能则具有使用价值和商品化属性。因此，要使自然资源和生态环境得到永续利用，就需要货币化其价值以反映水土保持生态服务功能的稀缺性，水土保持补偿费的征收也因此显得尤为必要。

2.2.4　生态价值理论

生态价值是生态哲学研究领域的基础概念，主要包括两方面含义：一是生态价值是一种自然价值，即地球上任何生物个体的存在不仅实现自身生存的利益，也为其他物种的生存创造了条件（价值），对地球整个自然生态系统的稳定和平衡发挥了功能性作用。二是生态价值是自然生态系统为人类生存提供了环境价值。人也是生活在自然界中的生命个体，需要土地、水、光照、气候、动植物等条件，后者构成了人类生活的自然环境。生态价值所体现的环境价值正是人类存续的必要条件，是人类赖以生存的自然家园。

油气资源开发过程必须遵循生态平衡和资本收益递减的双重规律，即在向自然界索取的同时也要积极回馈于自然。水和土地资源是自然界最基本的组成部分，而水土保持补偿工作是实现水土资源经济价值、生态价值、社会价值的重要途径。水土保持价值通过国家和社会补偿来实现，因其近趋无形，很难通过市场销售计量。而土地、水、植被、矿藏等资源可以通过级差地租、市场价值或者影子工程法来反映其经济价值，从而实现生态资源的资本价值化。只有实行水土保持生态补偿制度，估算油气资源开发等人类活动对水土保持生态服务功能价值影响并予以货币化，补偿受损区域的生态价值，解决好水土保持实施者的合理回报，才能保证水土保持自然资本存量随着时间推移而保持基本恒定，这也是人类可持续发展的前提和基础。

2.2.5 生态伦理理论

生态伦理是指人类在自然实践活动中处理自身及其周围生态环境伦理关系的一系列道德规范。人类的自然生态活动蕴藏人与人的社会关系，又反映出人与自然进行物质、信息和能量交换的复杂关系。传统伦理学下的人类文化仅仅关注人与人的利益关系，而生态伦理赋予人与自然关系真正的道德意义和价值。生态伦理表征人与自然之间客观存在的道德关系，其所要求的生态道德是对自然采取的积极手段。生态道德是处理和解决人与自然之间矛盾的特殊需要，也是最为理想的调节手段。

油气资源开发扰动油气资源富集区原始的自然环境、地质地貌和水文情况，对水土保持生态服务功能产生很大影响。水、土资源等自然体不能像人一样思考、拥有并行使权力，与人相比处于相对弱势，需要人类发挥主观能动性，以生态道德为依据建立规章制度，以协调人类与自然界之间的关系。生态伦理表征人与自然之间客观存在的道德关系，而生态道德则是对自然采取的积极手段。所谓生态道德就是指依靠人的内心道德信念、做人良心、社会舆论等非法律法规强制性力量，调节人与自然之间关系的手段和方式的总和，通常被称为生态道德规范。生态道德是处理和解决人与自然矛盾的特殊需要，也是最为理想的调节手段。针对油气资源开发引发水土流失的现状，出于人类代际可持续发展的需要，从解决人类活动与生态环境矛盾的伦理角度出发，有必要采取有效的水土保持措施，对人类赖以生存和发展的基础性水土资源进行保护和修复，对生态系统进行补偿，建立水土保持生态补偿制度。

2.3　油气资源开发水土保持生态补偿制度的建设机理

通过制度建设将经济系统有效运行的部分经济产出用于提升自然生态系统的质量，维持生态系统对社会系统的环境服务能力和对经济系统的资源产出。研究利益主体相互之间的博弈关系，解决水土保持生态补偿制度建设中各方利益的平衡问题。基于成本收益视角考察水土保持生态服务功能外部性影响，推定水土保持补偿标准估算的理论依据。

2.3.1　基于生态、社会、经济复合系统视角的分析

油气资源开发水土保持生态补偿制度的建立和实施具有一定的复杂性，它同资源开发地区自然生态系统、人类社会系统和经济子系统交互作用所形成的生态、社会、经济这一复合系统的特殊性具有一致性。物理学中“熵”是指紊乱和无序的度量，系统学中的“熵”理论是描述系统由有序向无序的发展状态。系统发挥最佳功能离不开有序结构的基础，一旦内部各要素之间发生协调障碍，系统功能就可能出现某种程度的紊乱和无序，称为系统的熵值增加，即“熵增”；如果系统与环境作交换，利用从环境中获得的交换物来维持自身有序的发展，则称为“熵减”。复合生态

系统并不是完全封闭的状态，耗散结构决定它可以与外界环境交换能源、信息和物质量，交换过程也就是负熵过程，这也就避免了系统逐渐向无序化、混乱化方向运行。人类所生活的地球就可以看作一个巨大的复合生态系统，绿色植物通过光合作用将太阳能转化为地球系统能量的过程即是负熵过程。其中，生态、经济、人类社会三大子系统为了维持自身的有序，彼此争夺进入地球这个复合生态系统的负熵流。生态子系统通过植物发挥能动作用可以直接获取太阳供给的负熵流，而社会和经济子系统只能通过利用自然界的物质和能量从生态子系统中分割负熵流，其熵减的过程实际上对生态系统来说却是熵增的过程，如图 2－2 所示。

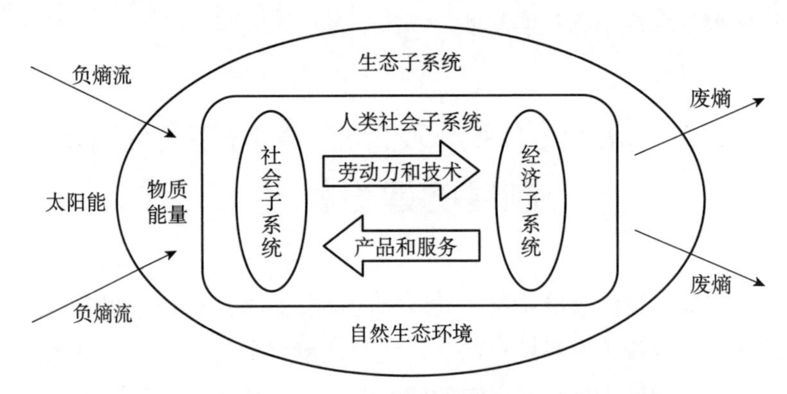

图 2－2　生态、经济、人类社会三大子系统熵流过程

油气产区自然生态系统具有丰富的生物多样性，其将森林生态系统、草地生态系统和耕地生态系统等多种形式的生态系统集于一体，持续提供生态保障、环境服务、自然资源、文化服务等产出。生态系统具有开放性、区域性等特征。在不同时期，由于生态系统内部各成员要素间的相互作用，以及生态系统容易受到外部资源开发生产建设的影响，自然生态系统不断发生变化，其中的质量和功能变化较大。自然生态系统熵增过程导致由健康状态变成不健康状态，甚至完全丧失其生态服务功能。油气资源开发掠夺式利用有限的自然资源必然导致生态环境的破坏，这种人与自然之间形成的尖锐矛盾势必引起自然、生态和人类社会子系统发展的不协调状态，导致地球这个复合生态系统运行过程熵流的加快。总熵值的不断增加则会出现能源危机、资源短缺、生态破坏、水土流失等问题。

从系统学角度出发，水和土地资源属于生态子系统的重要组成部分，同样存在着与经济子系统和社会子系统之间的熵流关系：一方面，自然生态系统向经济系统提供了作为经济资源的油气资源，同时也提供了空气净化、污染降解、灾害防控、温度调节等生态服务功能以满足社会系统的生态需求；另一方面，经济系统和社会系统在对油气资源的开发利用过程中对自然生态系统施加了土壤流失、水体污染等反向影响。水土保持工作实际上是通过预防和治理水土流失，向生态子系统输入负熵流，使整个复合生态系统克服熵增过程。水土保持生态补偿制度建设则是通过制度规范，调整水土环境保护和社会经济发展相关的各方熵流关系，实现水、土自然资源生态系统和复合大系统向有序方向发展。通过制度建设将经济系统有效运行的部分经济产出用于提升自然生态系统的质量，维持生态系统对社会系统的环境服务能力和对经济系统的资源产出（见图2－3）。

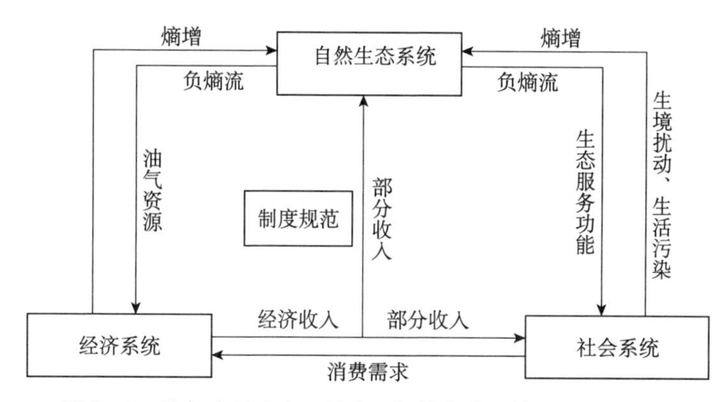

图2－3　油气产区生态、社会、经济复合系统运行机理结构

2.3.2　基于补偿主体行为选择视角的博弈分析

博弈论是研究不同利益主体在既有制度环境中如何决策及这种决策的稳定性与均衡性问题的理论。博弈论主要讨论决策关系问题，研究决策主体策略相互制约、相互依赖的行为。决策通过制定方案予以实施，通常会产生一个结果，但这个结果往往受到方案以外多种因素的干扰而呈随机分布状态。并且，决策相关利益各方会十分关注决策者的行为，针对方案采取行动。博弈论以参与人之间有决策针对性的行为产生的互动过程为研究对象，探讨在相互关系中参与人的一般行为规律。油气资源开发水土保持生态补偿主要涉及中央政府、地方政府、石油企业以及油气产区居民四方的利益，他们与生态补偿的联系最为密切，在追求自身利益最大化过程中相互作用、相互影响和关联，形成了多方博弈的关系，各方主体利益诉求不尽相同。

中央政府代表国家利益，是油气资源所有者和生态环境的管理者。国家机关出台的所有关于油气资源开发和生态补偿的规章制度和决策部署都是站在全局的战略高度维护国家的所有权。在油气资源开发过程中，中央政府履行审批权、规划权、监督管理权，其利益更倾向于宏观上经济、社会、环境效益的最大化；地方政府代表地方利益，以促进地方区域经济社会发展为主要职责，具有执行国家所赋予的各项权利和完成当地经济社会发展综合目标的双重身份。油气资源开发企业以利润收益最大化为目标，依托油气资源，通过生产建设运行实现企业发展。但企业的盈利行为却是一把“双刃剑”，在推动地方经济发展的同时，给被开发地区生态环境和人居生活带来负面影响；资源所在地居民的利益诉求是丰富的物质生活、充盈的精神生活和美好的人居环境等。

为了有效解决相关主体之间的利益冲突，需要了解其利益诉求，并深入分析如何权衡关系，采取合理的利益分配措施，更好地发挥各个利益主体生态补偿的主动性和参与性。

2.3.2.1 利益主体行为关系分析

在油气资源开发生态补偿利益相关者关系的分析中不难发现，中央政府与地方政府、地方政府与油气企业、油气企业与资源所在地居民在油气资源开发水土保持生态补偿中的合作与对抗具有典型的博弈关系。研究他们之间的利益矛盾及博弈行为对于政府制定具有针对性的制度政策以及化解博弈困境意义重大。

（1）中央政府与地方政府之间的博弈。中央政府与地方政府在提高人民经济和生活水平这一点上保持一致，从宏观经济角度并不存在利益冲突。水土保持生态补偿工作中，中央政府是补偿工作的主导者，地方政府是具体实施者。实际上，中央政府的利益与地方政府的利益在资源开发水土保持生态补偿工作中是整体与局部的关系，以至于两者可以作为一个利益整体与其他各方进行利益博弈。但是在缺少切实可行的资源开发水土保持生态补偿制度政策的情况下，特别是跨行政区域生态补偿政策不清晰，导致地方政府缺乏明确的政策支持以及生态治理资金，双方矛盾由此显现。地方政府实际上肩负着治理生态环境、恢复水土保持生态服务功能、提高老百姓生活水平的责任。

（2）地方政府与油气企业之间的博弈。地方政府需要大量资金作为其实现促进区域经济发展、生态环境建设、基础设施建设、增加就业、提高人们生活水平等多重责任的保障。但是，由于地方政府在制度制定和实施时需要从属于中央政府，不具有主导能力。那么，为了增加收益，地方政府就会倾向于设置不同名目的收费项目以确保有足够量的资金进行生态补偿。地方政府作为生态补偿的行政主体，扮演着监督者、治理者等角色，除了经济效益外，其更注重社会效益和政治效果。油气企业则是追求经济利益最大化的理性经济人，其注重成本开支的节约以及利润的提高。两者在经济利益方面既互相依存又存在矛盾冲突。

（3）油气企业与油气产区居民之间的博弈。油气产区居民可以分为两类：一类是在油气企业工作的居民；另一类是油气资源开发因生态环境破坏而受到损失的居民。油气企业与油气产区居民的关系比较复杂，部分在油气企业工作的居民与企业之间存在紧密的利益关系，而其他居民与油气企业之间的矛盾可能会比较尖锐。油气资源开发对资源所在地生态环境造成短期内不可逆转的破坏，甚至威胁当地居民的身体健康和生存环境安全。油气企业作为追求利益最大化的组织，给予当地的经济补偿却非常有限，履行社会责任缺乏主动性。因此，两者在生态环境补偿中存在矛盾与冲突。

（4）地方政府与居民之间的博弈。地方政府肩负促进区域经济发展、建设生态环境、提高人们生活水平等多重责任，与当地居民之间的利益理应一致。但有些时候，地方政府的决定可能会损害当地居民的切身利益，为了提高财政收入，地方政府可能放任油气企业破坏环境的行为，从而引发严重的社会危机，在居民利益与经济发展之间产生矛盾。

2.3.2.2　博弈模型假设与说明

研究油气资源开发水土保持生态补偿利益主体博弈关系，可以借鉴矿产资源开发生态补偿的研究内容。我国对于矿产资源开发生态补偿利益相关者的分析都是在中央政府与地方政府、政府与企业、政府与居民、企业与居民两者之间进行。由于油气资源开发生态环境问题的解决需要多方主体联动作用，可以通过建立中央政府、地方政府、油气企业、资源开发区居民利益相关各方博弈模型解决水土保持生态补偿中的矛盾问题。

中央政府制定资源开发制度指导企业开展生产，制定生态补偿制度指导企业和地方政府进行生态补偿和监督管理。油气资源生产建设活动是在国家政策指导下开展的，当地政府和居民的水土保持区域治理工作是在油气企业资源开发活动造成水土流失、水体污染、地下采空等生态服务功能出现价值损失后展开的，利益主体行为具有先后顺序，因此为动态博弈关系。政府在制定生态补偿制度政策中处于强势地位，油气企业虽然可以在政策出台前的多方论证中发表意见，但也是制度建立后的接受方。政府对油气资源开发的有关技术和生产过程等专业内容了解甚少，两者之间存在信息不对称的问题。当地居民对油气企业的生产过程信息掌握同样很少，在没有完善的补偿制度时，两者很难达成合作协议，处于不完全信息下。因此，判断油气资源开发水土保持生态补偿利益主体博弈关系分析模型为不完全信息动态博弈。

油气资源开发水土保持生态补偿的博弈分析具体包括了中央政府是否倾向于通过制定水土保持生态补偿制度进行生态补偿，地方政府是否配合制度进行监督，油气企业是否执行政策制度进行补偿以及油气产区居民是否参与社会监督。针对上述问题，建立信号博弈模型对利益主体各方博弈过程进行研究。

中央政府为信号的发出方（S），油气企业为信号接收方（R）。自然（N）按一定概率划分中央政府对于水土保持补偿倾向性选择类型：重经济、轻补偿（t_1），重视水土保持生态补偿（t_2），中央政府的类型空间为 $T \in \{t_1, t_2\}$。中央政府根据自己的类型形成信号空间 $M \in \{m_1, m_2\}$，即发出信号，默许油气企业可以推迟水土保持生态补偿（m_1）或制定补偿制度并监管油气企业进行水土保持生态补偿（m_2）。油气企业作为信号接收方，根据政府的政策信号，判断 S 的政策类型，从而作出选择：推迟进行水土保持生态补偿（a_1）或积极进行水土保持生态补偿（a_2）。行动空间表示为 $A \in \{a_1, a_2\}$。油气产区居民的利益诉求就是被占用的土地得到补偿、被污染的水源得到净化、被破坏的生态环境得到修复。因此，居民不应成为水土保持补偿信号的接受者，而是监督信号的发出者。在博弈中，居民不根据其他利益相关者的类型和策略选择自己的行动，其发出的信号和行动是固定的，即积极采取生态补偿监督行动。

地方政府接收到中央政府的策略信号后，存在配合落实监督和不配合落实监督两种选择。由于地方政府受中央政府的直接管理，与一般的信号博弈不同，地方政府在理性、清醒的状态下同中央政府的策略信号保持一致，故地方政府最优策略与中央政府作同一处理，两者在成本收益分析中合并为政府决策，将中央政府与地方政府作为整体表达收益函数。所以，油气资源开发水土保持生态补偿四方利益相关主体之间的博弈模型围绕政府（中央政府和地方政府）、油气企业和油气产区居民三者之间构建。

2.3.2.3　政府、企业、居民三方博弈模型构建

以信号博弈为基础构建政府、油气企业和油气产区居民关系博弈模型来说明油气资源开发水土保持生态补偿利益相关者之间的博弈过程。政府是水土保持生态补偿制度的制定者、推行者和监督者，油气企业通过接收政府的信号判断其类型，从而确定决策行为，属于信号的接收者。油气产区居民向政府和油气企业发出积极进行生态监督的信号。其中，政府重经济，轻补偿的概率为 $p(t_1)$，政府重视水土保持生态补偿的概率为 $p(t_2)$，其中，$0<p(t_1)<1$、$0<p(t_2)<1$，且 $p(t_1)+p(t_2)=1$。利用贝叶斯法则，根据先验概率 $p(t_k)$ 计算得到后验概率 $p(t_k|m_j)$。博弈主体通过接收到的信号进行判断后作出策略决策，对应得到期望收益，期望收益越高代表该决策的优势越明显。政府的期望收益函数为 $U_g(t, m, a)$。

在油气资源开发水土保持生态补偿博弈模型中，E_1 代表忽视水土保持生态补偿下的资源产区实际取得的收益；E_2 代表受到水土保持生态补偿的资源产区实际取得的收益，由于生态补偿提高了资源产区生态价值，故 $E_2>E_1$；R_1 代表忽视水土保持生态补偿下油气资源开发创造的价值；R_2 代表积极开展水土保持生态补偿下油气资源开发创造的价值，由于企业开展生态补偿需要付出一定的成本，故 $R_1>R_2$；C_1 表示忽视水土保持生态补偿的资源产区环境修复成本，C_2 表示企业不主动补偿的政府惩罚成本；政府与油气企业之间信号传递博弈如图2-4所示。

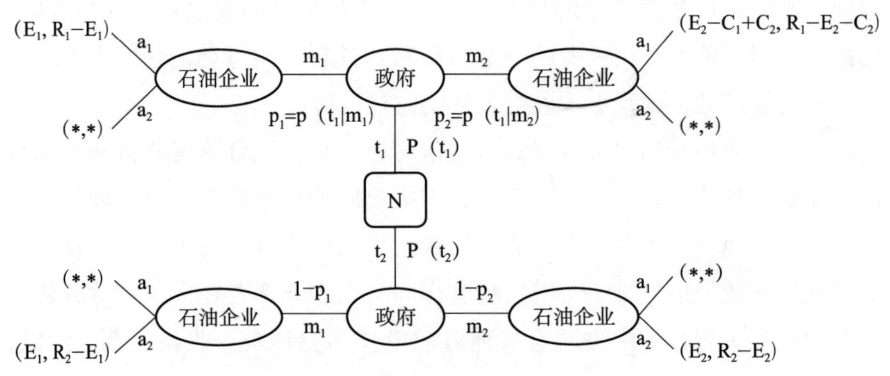

图 2-4 政府与油气企业之间信号传递博弈

2.3.2.4 精炼贝叶斯均衡求解

(1) 信号要求验证。

精炼贝叶斯均衡是信号传递博弈最优策略求解的分析方法，根据不完全信息动态博弈模型精炼贝叶斯均衡的定义，需要按照时间顺序验证 4 个条件：

条件 1：信号接收者收到发出者的信号 m 之后，必须有关于信号发出者类型的判断，形成一个后验概率分布 $p(\theta|m)$，且 $p(\theta|m)\geqslant 0$。

油气资源开发水土保持生态补偿博弈问题中，油气企业根据政府发出的信号 m_j 推断政府类型为 t_i，并形成后验概率 $p(t_i|m_j)$，且 $\sum_{t_i\in T}p(t_i|m_j)=1$，符合条件 1。

条件 2：在给定信号接收者形成的后概率 $p(\theta|m)$ 和信号发出者的信号条件下，接收者的行为策略 $a^*(m)$ 是 $\max\sum_{\theta}p(\theta|m)U_e(t,m,a)$ 的最大化解。

油气企业在接收到信号后，采取策略行动 $a_i(m_j)$ 使其期望收益最大，即 $a^*(m_j)$ 是 $\max_{a_k\in A}\sum_{t_i\in T}p(t_i|m_j)U_e(t_i,m_j,a_k)$ 的解，符合条件 2。

条件 3：在给定信号接收者的策略 $a^*(m)$ 时，信号发出者的选择 $m^*(t)$ 要使其期望收益最大，即 $m^*(t)$ 是 $\max U_g(t, m, a^*(m))$ 的最大化解。

当政府的类型确定后，根据油气企业作出的最优策略选择调整和选择自身期望收益最大的信号。中央政府的选择 $m^*(t_i)$ 是 $\max_{m_j \in M} U_g(t_i, m_j, a^*(m_j))$ 的解，符合条件3。

条件4：对于 $m_j \in M$，无论是否存在 $t_i \in T$，使得 $m^*(t_i) = m_j$，信号接收者在 m_j 对应的信息集中持有的推断都要符合信息发出者的均衡策略和贝叶斯法则。

在油气资源开发水土保持生态补偿中，政府的类型决定了发出信号的类型，油气企业的行动策略必然源于对政府的判断，从而符合政府的决策。博弈过程是一个信息不完全的动态过程，因此，油气企业对政府信号的策略符合贝叶斯法则，符合条件4。

（2）博弈均衡状态求解。

①油气企业均衡策略求解。

a.（m_1，m_1）型。

假设S的类型无论是 t_1 还是 t_2，S发送的信号都为 m_1。油气企业接收到政府传递的信号 m_1 后推断政府行为并选择行动策略 $a_k(m_1)$。对油气企业进行均衡策略求解后得到：

$$
\begin{aligned}
a^*(m_1) &= \max_{a \in A} \sum_{t \in T} p(t \mid m_1) U_e(t, m_1, a) \\
&= \max_{a \in A} \{ p(t_1 \mid m_1) U_e(t_1, m_1, a) + p(t_2 \mid m_1) U_e(t_2, m_1, a) \} \\
&= \max \{ p_1(R_1 - E_1), (1 - p_1)(R_2 - E_1) \} \qquad (2-1)
\end{aligned}
$$

$$
a^*(m_1) = \begin{cases} a_1, 1 \geqslant p_1 \geqslant \dfrac{R_2 - E_1}{R_1 + R_2 - 2E_1}, \\ a_2, 0 < p_1 < \dfrac{R_2 - E_1}{R_1 + R_2 - 2E_1} \end{cases} \qquad (2-2)
$$

b.（m_2，m_2）型。

假设S的类型无论是 t_1 还是 t_2，S发送的信号都为 m_2。油气企业接收到政府传递的信号 m_2 后推断政府行为并选择行动策略 $a_k(m_2)$。对油气企业进行均衡策略求解后得到：

$$
\begin{aligned}
a^*(m_2) &= \max_{a \in A} \sum_{t \in T} p(t \mid m_2) U_e(t, m_2, a) \\
&= \max_{a \in A} \{ p_2 U_e(t_1, m_2, a) + (1 - p_2) U_e(t_2, m_2, a) \} \\
&= \max \{ p_2(R_1 - E_2 - C_2), (1 - p_2)(R_2 - E_2) \} \qquad (2-3)
\end{aligned}
$$

$$a^*(m_2)=\begin{cases}a_1, 1\geqslant p_2\geqslant \dfrac{R_2-E_2}{R_1+R_2-2E_2-C_2},\\ a_2, 0<p_2<\dfrac{R_2-E_2}{R_1+R_2-2E_2-C_2}\end{cases} \tag{2-4}$$

同理，得到石油企业的最优策略解为：

$$\begin{cases}a^*(m)\equiv a_1,\left[1\geqslant p_1\geqslant \dfrac{R_2-E_1}{R_1+R_2-2E_1}, 1\geqslant p_2\geqslant \dfrac{R_2-E_2}{R_1+R_2-2E_2-C_2}\right]\\ a^*(m)\equiv a_2,\left[0<p_1<\dfrac{R_2-E_1}{R_1+R_2-2E_1}, 0<p_2<\dfrac{R_2-E_2}{R_1+R_2-2E_2-C_2}\right]\\ a^*(m)=\begin{cases}a_1, m=m_1\\ a_2, m=m_2\end{cases},\left[1\geqslant p_1\geqslant \dfrac{R_2-E_1}{R_1+R_2-2E_1}, 0<p_2<\dfrac{R_2-E_2}{R_1+R_2-2E_2-C_2}\right]\\ a^*(m)=\begin{cases}a_1, m=m_2\\ a_2, m=m_1\end{cases}\left[0<p_1<\dfrac{R_2-E_1}{R_1+R_2-2E_1}, 1\geqslant p_2\geqslant \dfrac{R_2-E_2}{R_1+R_2-2E_2-C_2}\right]\end{cases} \tag{2-5}$$

②政府均衡策略求解。

a. 当 $a^*(m)\equiv a_1$ 时，如图 2-4 所示，可知此时 $t=t_1$，则：

$$\begin{aligned}m^*(t_1)&=\max_{m\in M}U_g(t_1,m,a_1)\\&=\max\{U_g(t_1,m_1,a_1),U_g(t_1,m_2,a_1)\}\\&=\max\{E_1,E_2-C_1+C_2\}\end{aligned} \tag{2-6}$$

$$m(t_1)=\begin{cases}m_1, C_1\geqslant E_2-E_1+C_2,\\ m_2, C_1<E_2-E_1+C_2\end{cases} \tag{2-7}$$

b. 当 $a^*(m)\equiv a_2$ 时，如图 2-4 所示，可知此时 $t=t_2$，则：

$$\begin{aligned}m^*(t_2)&=\max_{m\in M}U_g(t_2,m,a_2)\\&=\max\{U_g(t_2,m_1,a_2),U_g(t_2,m_2,a_2)\}\\&=\max\{E_1,E_2\}\end{aligned} \tag{2-8}$$

由于生态补偿提高了资源产区生态价值，故 $E_2>E_1$，可知 $m(t_2)=m_2$。

c. 当 $a^*(m)=\begin{cases}a_1, & m=m_1\\ a_2, & m=m_2\end{cases}$ 时，如图 2-4 所示，则：

$$\begin{aligned}m^*(t_1)&=\max_{m\in M}U_g(t_1,m,a)=\max\{U_g(t_1,m_1,a_1),U_g(t_1,m_2,a_2)\}\\&=\max\{E_1,0\}\end{aligned} \tag{2-9}$$

即 $m(t_1)=m_1$

$$m^*(t_2)=\max_{m\in M}U_g(t_2,m,a)=\max\{U_g(t_2,m_1,a_1),U_g(t_2,m_2,a_2)\}$$
$$=\max\{0,E_2\} \tag{2-10}$$

即 $m(t_2)=m_2$

d. 当 $a^*(m)=\begin{cases}a_1, & m=m_2\\ a_2, & m=m_1\end{cases}$ 时，如图2-4所示，则：

$$m^*(t_1)=\max_{m\in M}U_g(t_1,m,a)=\max\{U_g(t_1,m_1,a_2),U_g(t_1,m_2,a_1)\}$$
$$=\max\{0,E_2-C_1+C_2\} \tag{2-11}$$

$$m(t_1)=\begin{cases}m_1,C_1>E_2+C_2,\\ m_2,C_1\leqslant E_2+C_2\end{cases} \tag{2-12}$$

$$m^*(t_2)=\max_{m\in M}U_g(t_2,m,a)=\max\{U_g(t_2,m_1,a_2),U_g(t_2,m_2,a_1)\}$$
$$=\max\{E_1,0\} \tag{2-13}$$

即 $m^*(t_2)=m_1$

③求解均衡（PBNE）。

a. 分离均衡求解。

假设：政府类型 t_1 选择发出信号 m_1，政府类型 t_2 选择发出信号 m_2，即（m_1，m_2），此时 $1\geqslant p_1\geqslant\frac{R_2-E_1}{R_1+R_2-2E_1}$、$0<p_2<\frac{R_2-E_2}{R_1+R_2-2E_2-C_2}$。

政府的选择满足：

$$U_g(t_1,m_1,a^*(m_1))>U_g(t_1,m_2,a^*(m_2)) \tag{2-14}$$

$$U_g(t_2,m_2,a^*(m_2))>U_g(t_2,m_1,a^*(m_1)) \tag{2-15}$$

油气企业的推断满足：

$$p(t_1|m_1)=1\quad p(t_1|m_2)=0\quad 即\ p_1=1$$

$$p(t_2|m_2)=1\quad p(t_1|m_2)=0\quad 即\ p_2=0$$

解得：$C_1\geqslant E_2-E_1+C_2$、$E_2\geqslant E_1$、$m(t)=\begin{cases}m_1, & t=t_1,\\ m_2, & t=t_2\end{cases}$、$p_1=1$、$p_2=0$、

$$a(m)=\begin{cases}a_1, & R_1\geqslant E_1\\ a_2, & 0<\frac{R_2-E_2}{R_1+R_2-2E_2-C_2}\end{cases}。$$

在居民对水土保持生态补偿发出及时监督的信号下，E_2 增加，提高了

油气产区的生态补偿收益。由此增加了选择 a_2 的概率范围，促进了油气企业和政府向均衡解 $m(t)=m_2$ 及 $a(m)=a_2$ 的转化。

假设：政府类型 t_1 选择发出信号 m_2，政府类型 t_2 选择发出信号 m_1，即（m_2，m_1），此时 $0<p_1<\frac{R_2-E_1}{R_1+R_2-2E_1}$、$1\geqslant p_2\geqslant\frac{R_2-E_2}{R_1+R_2-2E_2-C_2}$。

政府的选择满足：

$$U_g(t_1,m_2,a^*(m_2)) > U_g(t_1,m_1,a^*(m_1)) \tag{2-16}$$

$$U_g(t_2,m_1,a^*(m_1)) > U_g(t_2,m_2,a^*(m_2)) \tag{2-17}$$

解得：$C_1<E_2-E_1+C_1$、$E_2<E_1$。

由于进行生态补偿会增加油气产区的生态服务功能，即 $E_1<E_2$，故不存在这样的均衡。

b. 混同均衡求解。

假设：政府类型不管是 t_1 还是 t_2，都会发出信号 m_1，即（m_1，m_1）。

政府的选择满足：

$$U_g(t_1,m_1,a^*(m_1)) > U_g(t_1,m_2,a^*(m_2)) \tag{2-18}$$

$$U_g(t_2,m_1,a^*(m_1)) > U_g(t_2,m_2,a^*(m_2)) \tag{2-19}$$

油气企业的推断满足：

$$p(t_k|m_j) = p(t_k)$$

$$a^*(m_1) = \begin{cases} a_1, 1 \geqslant p(t_1) \geqslant \dfrac{R_2-E_1}{R_1+R_2-2E_1}, \\ a_2, 0 < p(t_1) < \dfrac{R_2-E_1}{R_1+R_2-2E_1} \end{cases} \tag{2-20}$$

解得：$C_1\geqslant E_2-E_1+C_2$、$E_2<E_1$、$p_1=p(t_1)$、$m(t)=m_1$。

由于进行生态补偿会增加油气产区的生态服务功能，即 $E_2>E_1$，故不存在这样的均衡。

假设：政府类型不管是 t_1 还是 t_2，都会发出信号 m_2，即（m_2，m_2）。

政府的选择满足：

$$U_g(t_1,m_2,a^*(m_2)) > U_g(t_1,m_1,a^*(m_1)) \tag{2-21}$$

$$U_g(t_2,m_2,a^*(m_2)) > U_g(t_2,m_1,a^*(m_1)) \tag{2-22}$$

油气企业的推断满足：

$$p(t_k|m_j) = p(t_k)$$

$$a^*(m_2)=\begin{cases}a_1, 1 \geqslant p(t_1) \geqslant \dfrac{R_2-E_2}{R_1+R_2-2E_2-C_2} \\ a_2, 0 < p(t_1) < \dfrac{R_2-E_2}{R_1+R_2-2E_2-C_2}\end{cases} \tag{2-23}$$

解得：$C_1<E_2-E_1+C_2$、$E_2>E_1$、$p_2=p(t_1)$、$m(t)=m_2$。

在居民对水土保持生态补偿发出及时监督的信号下，E_2 增加，提高了油气产区的生态补偿收益，缩小了选择 a_1 的概率范围，促进了油气企业和政府向均衡解 $m(t)=m_2$ 及 $a(m)=a_2$ 的转化。

2.3.2.5　博弈结论

根据对利益主体均衡状态进行分析，得出以下结论。

（1）在油气企业选择推迟水土保持生态补偿的情况下，政府在理性选择的前提下，如果环境修复成本大于其进行生态补偿所获得的收益，则政府倾向于重经济、轻补偿的信号选择，政府与企业均会选择不进行生态补偿。因此，必须制定水土保持生态补偿规制政策，分割油气企业资源开发部分收益作为生态补偿金，弥补政府的环境修复成本，从制度上保证油气资源开发水土保持生态补偿工作的开展。

（2）在油气企业推断政府的信号为重视并监管水土保持生态补偿时，油气企业作为理性经济人会积极进行生态补偿。因此，在制定补偿制度的同时，政府要加强制度的执行监管，加大缺失补偿的处罚成本，使其大于进行生态补偿的支付成本，企业因此自然会积极补偿。

（3）若居民参与生态补偿监督，虽然政府需要给居民支付一定的补偿监督成本，但受到水土保持生态补偿的资源产区取得的收益有所增加，居民的参与能促进政府与油气企业及时开展水土保持生态补偿，并使其向均衡状况方向进行转化。

2.3.3　基于成本收益视角的分析

人们长期以来对油气资源的过度开发造成环境的恶化。同时，油气资源开发还会对开发者之外的其他主体产生负外部性效应，使其遭受额外的经济损失和生存威胁。油气资源开发生态补偿制度通过增加油气开发企业的边际成本来降低生态环境破坏程度。图2－5横坐标表示油气产区生态环境破坏程度 D，纵坐标表示油气企业的边际成本 MC 与边际收益 MR，边际成本向右上方倾斜，边际收益向右下方倾斜。水土保持生态补偿制度未实施之前，MC 与 MR 相交于 B_1点，此时 D_1是油气开发企业实现利益最大化的环境破坏程度。实施水土保持生态补偿制度后，油气企业开发的边际成本会上升，边际成本曲线移动到 MC′，此时，MC 与 MR 相交于 B_2点，企业实现利益最大化的环境破坏程度为 D_0，破坏程度得到极大降低。

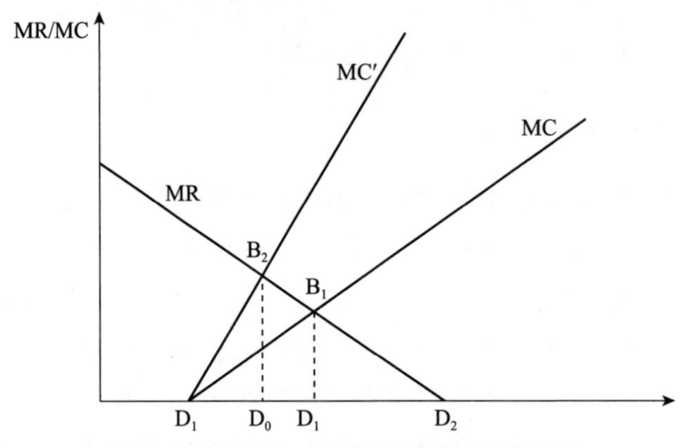

图 2-5　油气企业最优环境破坏程度分析

油气资源开发过程加剧水土流失，带来生态环境方面的问题，产生负外部性。而对因油气资源开发受损的水土保持生态服务功能进行补偿、开展水土保持工作、优化水土生态环境使能源开发地区发挥良好的生态服务功能，具有正外部性。外部性内部化需要政府制定补偿制度进行规制和干预。在完全竞争的市场经济条件下，可以假定水土保持生态服务功能有价并可以在自由市场进行交换，这时可通过考察对水土保持生态服务功能具有外部性影响的生产过程和边际成本与收益状况来推定水土保持补偿标准估算依据。

（1）外部经济情况——水土保持生态服务功能得到增强。当实施水土保持行为改善水土保持生态服务功能时产生外部经济，该行为结果的边际社会收益 MSB（社会总收益）就会大于边际私人收益 MPB（水土保持实施者收益）。水土保持行为的实施决定于 MPB 和边际成本 MC，此时产生的生态服务功能量是 Q_1，边际成本是 C_1，可以理解为水土保持实施者在国家法规对环境保护的基本要求下生存和发展需要的生态环境质量。而油气资源开发地区则会对水土保持实施者提出更高的环境质量要求，即生态服务功能量应达到 Q_2，如果仍保持 Q_1的功能量水平，就会出现对社会的供给不足。当生态服务功能量提高到 Q_2，边际成本会相应增加到 C_2，而水土保持实施者出于利益最大化考虑会选择拒绝。因此，能够实现的方法是由提出 Q_2水平的要求方（政府或受益者）向水土保持实施者提供相当于图2－6阴影部分 $B_1B_2B_3$面积大小的收益补偿，从而达到社会的最优水平。

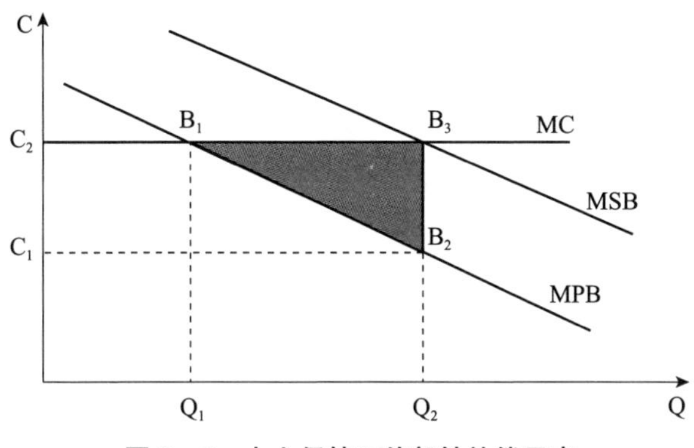

图2－6　水土保持正外部性补偿示意

（2）外部不经济情况——水土保持生态服务功能损失。当经济建设活动造成水土流失、影响破坏水土保持生态服务功能时，产生外部不经济，该行为结果的边际社会成本 MSC（社会总成本）就会大于边际私人成本 MPC（水土保持实施者成本），如图2－7所示。以油气资源开发过程中造成水土流失及生态服务功能降低或丧失的情况举例，其中，Q_2是社会最优水土保持生态服务功能损失量，Q_1是开发者造成的实际破坏量。图中阴影部分 $D_1D_2D_3$的面积正是开发行为所带来的外部不经济物质量，即资源开发者应该支付的水土保持补偿量，也就是超出 Q_2的水土保持生态服务功能价值损失。

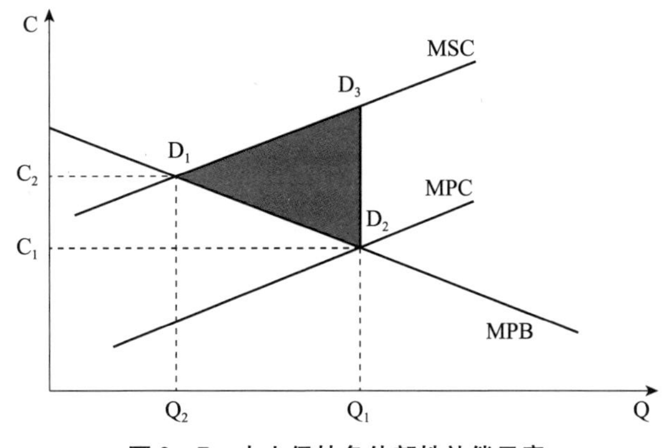

图2－7　水土保持负外部性补偿示意

2.4 本章小结

水土保持生态补偿制度属于自然科学和社会科学共同研究的范畴，其理论依据源于经济学、生态学、伦理学、系统学等多学科。明晰水土保持生态补偿制度的含义和构成要素，总结主要基本理论在油气资源开发及其生态环境领域的具体表现。基于生态、社会、经济复合系统视角的分析，制度建设将经济系统有效运行的部分经济产出用于提升自然生态系统的质量，维持生态系统对社会系统的环境服务能力和对经济系统的资源产出。基于补偿主体行为选择视角的博弈分析，更好地发挥各个利益主体进行生态补偿的主动性和参与性。基于成本收益视角的分析，推定水土保持补偿标准估算的理论依据，外部性内部化需要政府通过制定补偿制度进行规制和干预。以上内容为本书的研究提供了理论支撑。

第3章　我国油气资源开发水土保持补偿制度沿革及现状分析

油气等矿产资源开发生态修复和补偿是生态环境建设的研究重点，减少资源开发行为的负外部性影响则需要制度的规制，水土保持生态补偿制度的建立具有现实意义。本章通过对我国水土保持生态补偿制度历史的梳理和制度现状的分析发现问题，从根本上探寻制度建立的阻碍和发展缺失。美国、澳大利亚、哥伦比亚和德国等国在水土流失预防和治理方面上都具有值得借鉴的经验，从这些经验中得到启示，进一步明确中国油气资源开发水土保持生态补偿制度的优化路径。

3.1　我国水土保持补偿制度沿革

我国的水土保持生态补偿制度大体上经历了探索起步、改革发展和完善补充三个发展阶段。

3.1.1　探索起步阶段（1957～1989年）

我国水土保持生态补偿制度始于20世纪50年代，国务院于1957年首次制定《水土保持暂行纲要》，并决定设立水土保持委员会，负责领导全国水土保持工作。1963年，国务院发布《水土保持设施管理养护办法》，第一次对乱砍滥伐、破坏水土保持设施的单位和个人提出处罚规定。1982年，我国颁布《水土保持工作条例》，强调对水土保持设施的保护。1983年，云南省以昆阳磷矿为试点，针对采矿业征收生态环境补偿费用并将其用于矿区环境恢复治理，这一年是我国开始实行生态补偿政策的一个重要时点。1989 年，山西省发布的《山西省开发建设河保偏地区水土保持实施办法（试行）》是我国首次尝试提出建立水土流失补偿费制度。同年，建立森林生态效益补偿制度的建议在四川乐山举办的学术研讨会上被正式提出。

这一阶段强调对地貌植被和水土保持设施的保护，而对侵占和破坏的单位与个人除赔偿损失外，侧重行政处罚和刑事责任的追究。没有明确水土保持补偿费的概念，也没有具体补偿标准和范围。此阶段对水土保持工作重要性的认识有所上升，开始提出水土保持补偿的要求。

3.1.2 改革发展阶段（1990～2010 年）

1990 年开始，有一些省份陆续开始征收针对矿产开发的生态补偿费用：江苏对集体矿山和个体采矿业开始征收矿产资源费和环境整治基金；福建对煤矿单位征收“生态环境保护费”；广西对采矿企业实行排污费征收制度；国务院对陕西和山西接壤地区的能源开发基地施行生态环境补偿政策等。伴随着实施水土保持补偿制度的呼声高涨，1991 年，国家出台了《中华人民共和国水土保持法》，该法规定了水土流失预防、治理、监督管理等方面的基本制度。1993 年，国务院颁布《国务院关于加强水土保持工作的通知》《中华人民共和国水土保持法实施条例》，该条例第二十一条规定：企业事业单位在建设和生产过程中损坏水土保持设施的，应当给予补偿。随后，全国有 29 个省份人大常委会细化了水土保持法中相关内容，陆续制定了水土流失防治费和水土保持设施补偿费征收和使用管理办法。从 2001 年开始，财政部、国家计委将水土保持规费纳入“全国性及中央部门和单位行政事业性收费项目目录”。在我国相关法律和政策办法的指导下，我国部分地方也逐渐对水土保持补偿立法作出了尝试。其中，对油气田生产建设项目影响较大的为陕西。2008 年，陕西省政府出台办法，自 2009 年 1 月起对辖域内从事矿产资源开采的企业征收“水土流失补偿费”，征收标准为原油每吨 30 元，天然气每立方米 0.008 元。这些法规政策的实施基本确立了我国的生产建设项目水土保持规费制度。但是，在具体的实施过程中也暴露出诸多问题，在水土保持补偿规费征收方面表现得尤为突出，由于法律、行政法规和地方政府规章对水土保持补偿规费没有明确界定，因此，各地规定的收费名称不一；计征方式多样，有按征占用土地面积计征的，也有按产量计征的，还有按产品的销售额计征的，标准幅度差距较大。

这一阶段的理论层面初步形成了水土保持法规和规章制度体系，其中，各地根据本地水土保持状况出台了地方性法规和规章，细化了水土保持法的相关规定内容，针对各类水土保持费用的征收主体、缴纳主体、计费方式、费目费率、征收管理等作出明确规定，这标志着水土保持生态补偿制度在全国范围内基本确立。但水土保持补偿规费问题多、情况复杂、协调难度大，有必要通过统一各地区法规和部门规章加以解决。

3.1.3 完善补充阶段（2011年至今）

2011年3月，全国人大修订实施《中华人民共和国水土保持法》，对建设活动造成水土流失、损坏水土保持设施等问题作出详细规定：将建设项目的水土流失防治纳入企业义务范畴，规定了企业不履行义务时地方政府的“代履行”制度；治理费用由相关企业承担，并规定水土保持补偿费的征收使用管理由国家统一规范，水土保持相关法律制度的科学性、合理性因此得到极大提升。这与国家加强生产建设项目水土流失监督管理、遏制人为水土环境破坏、建立健全水土保持生态补偿制度的要求完全一致，与保护生态环境、建设美丽中国的愿景相吻合。2012年，财政部、国家发改委、水利部共同起草《水土保持补偿费征收使用管理办法（征求意见稿）》开始对矿产资源开发分建设期和开采期分别征收水土保持补偿费。在建设期间，按照矿区面积计征；在开采期间，按照矿产资源开采量计征，具体征收标准由国家发改委、财政部制定。2014年5月施行的《水土保持补偿费征收使用管理办法》中规定，水土保持补偿费专项用于水土流失预防和治理。从理论上废止各省份水土流失补偿费、水土保持设施补偿费、水土流失危害补偿费、水土流失防治费等称谓，形成全国范围统一适用的水土保持补偿费制度，长期以来地方各自规定水土保持补偿政策的局面宣告结束。考虑到油气资源本身和开发方式对水土环境影响的特点，开采期间对石油、天然气采取不同于其他矿产资源的水土保持补偿费计征办法在立法上是一个进步。2015 年，国务院批复同意《全国水土保持规划(2015—2030 年)》，这是我国首部国家级水土保持规划。该规划是水土流失防治的一个重要里程碑，是今后一个时期我国水土保持工作的发展蓝图和重要依据。

这一阶段以全国人大常委会通过《中华人民共和国水土保持法》修正案为契机制定《水土保持补偿费征收使用管理办法》，结束了长期以来各地自行制定水土保持补偿费征收办法的局面，在立法上是一个重大进步，标志着水土保持补偿费制度的建立。

纵观我国水土保持生态补偿制度的发展历程不难发现，我国相关制度建设缺乏一定的系统性和稳定性，改革开放前重行政管理、轻法律制度，改革开放后《中华人民共和国水土保持法》等相关法律法规大量颁布，从而取得长足发展。2011 年至今的政策措施体现了中国水土保持补偿建设的决心和力度，虽然与西方国家的生态建设存在差距，但有努力追赶之势头。明确以“尊重自然，注重预防，强化治理，打造绿水青山，推进水土流失防治体系和防治能力现代化”为总体目标，进一步完善水土保持生态补偿制度建设符合新时代水土保持工作的新要求。

3.2 我国油气资源开发水土保持补偿制度内容

3.2.1 现行油气资源开发水土保持补偿制度

通过水土保持补偿制度历史沿革的梳理，明确我国现行油气资源开发水土保持补偿制度即为水土保持补偿费制度。2011 年 3 月修订实施的《中华人民共和国水土保持法》要求制定包括油气资源开采在内全国统一的水土保持补偿制度。2014 年 5 月出台的《水土保持补偿费征收使用管理办法》废止各省份关于水土流失补偿的多种称谓和补偿规定，形成全国范围统一适用的水土保持补偿费制度，水土保持补偿制度相关概念和内容得到统一。补偿费不同于赔偿费，水土保持补偿费作为水土保持补偿制度的重要载体，是指对从事生产建设活动中损坏水土保持设施、地质地貌、草木植被且不能恢复原有水土保持生态服务功能，应当向水行政主管部门缴纳的费用，专项用于水土流失预防和治理。考虑到油气资源开发方式对水土环境影响的特点，统一后的水土保持补偿费对石油、天然气采取不同于其他矿产资源的特别征收标准，标志着油气资源开发水土保持补偿制度初现雏形。我国现行水土保持补偿的方式主要为资金补偿，其来源是水土保持补偿费的征收。

3.2.2　油气资源开发水土保持补偿费制度内容

（1）征收对象，即水土保持补偿中承担资金给付义务的补偿主体。在山区、丘陵区、风沙区以及水土保持规划确定的容易发生水土流失的其他区域开办生产建设项目或者从事其他生产建设活动中损坏水土保持设施、地貌植被，不能恢复原有水土保持生态服务功能的单位和个人，应当缴纳水土保持补偿费。这里所指的生产建设项目包括开采石油、天然气等矿产资源的活动。

（2）征收部门，即水土保持补偿中承担补偿费的收缴和实施工作的主体。水土保持补偿费的征收主要由各地方水利部门负责，其中，水土保持方案由水利部审批的，水土保持补偿费由省水行政主管部门征收；水土保持方案由省水利厅审批的，水土保持补偿费由市水行政主管部门征收；从事其他生产建设活动的单位和个人应当缴纳的水土保持补偿费，由生产建设活动所在地县级水行政主管部门负责征收。

（3）征收条件和范围，即水土保持补偿中能否要求补偿的依据。依据《中华人民共和国水土保持法》的立法精神，生产建设活动中损坏水土保持设施和地貌植被，致使其水土保持生态服务功能丧失或者降低，且不能恢复原有水土保持生态服务功能的，都应缴纳水土保持补偿费。石油企业在油气开采过程中要注意水土环境的防护，造成的水土流失应当进行自行治理。同时，因勘探建设和生产运营破坏的水土保持设施、地形、地貌、植被等损害资源产区水土保持生态服务功能，无法恢复的应依据影响程度缴纳水土保持补偿费。

（4）征收标准，即水土保持补偿费的计费依据。2014 年 5 月，国家发改委出台的《关于水土保持补偿费收费标准（试行）的通知》成为全国范围水土保持补偿费的收费依据。

该试行标准对矿产资源开发项目建设期统一按照征占用土地面积一次性计征，东部地区每平方米不超过 2 元，中部地区每平方米不超过 2. 2 元，西部地区每平方米不超过 2. 5 元。开采期间采取油气资源和其他矿产资源分开计征，分别依据油、气生产井（不包括水井、勘探井）占地面积和采量（采掘、采剥总量）按年计征。石油、天然气根据油、气生产井（不包括水井、勘探井）占地面积按年征收，每口油、气生产井占地面积按不超过 2 000 平方米计算；丛式井每增加一口井，增加计征面积按不超过 400 平方米计算，每平方米每年收费不超过 2 元。

为与国家政策相衔接，各省份纷纷出台本省份水土保持补偿费征收使用管理办法，制定水土保持补偿费收费标准。各地在核定具体征收标准时，充分评估损害程度，在核定收费标准时按照从低原则制定。在减税降费的大背景下，征收费标准在 2017 年作出降低调整。国家发改委、财政部出台《关于降低电信网码号资源占用费等部分行政事业性收费标准的通知》，其中就包括降低水土保持补偿费收费标准，各地区结合当地实际情况对当地标准进行调整，部分省份现行计费标准如下：

①大庆油田所在的黑龙江省规定，建设期间按照征占用土地面积每平方米 1. 2 元一次性计征；开采期间根据油、气生产井（不包括水井、勘探井）占地面积按每平方米每年 0. 8 元征收。

②胜利油田所在的山东省规定，建设期间按照征占用土地面积每平方米 1. 2 元一次性计征；开采期间根据油、气生产井（不包括水井、勘探井）占地面积按每平方米每年 1. 2 元征收。

③西南油气田所在的四川省规定，建设期间按照征占用土地面积每平方米 1. 3 元一次性计征；开采期间根据油、气生产井（不包括水井、勘探井）占地面积按每平方米每年 1. 2 元征收。

④华北油田所在的河北省规定，建设期间按照征占用土地面积每平方

米1.4元一次性计征；开采期间根据油、气生产井（不包括水井、勘探井）占地面积按每平方米每年1.4元征收。

3.3　油气资源开发水土保持补偿制度特点

油气资源开发水土保持生态补偿制度是对油气资源开发行为的规范和约束，是体现生态公平原则、协调各利益相关者关系的具体措施和保障规定。因此，该制度的制定具有根本性、全局性和强制性的特点。

（1）根本性。一项制度的建立和实施必须具有广泛的认知性，能体现事物的根源，以主要矛盾为突破口解决问题。油气资源开发所引发的水土流失等环境问题必须正视，经济建设和生态环境保护的矛盾始终存在。该矛盾并非不可调和，但仅靠行政手段和道德层面的约束很难从根本上有效解决。从政府层面设计水土保持生态补偿制度、规范和约束资源开发行为、尽可能将影响消除至最低，是人类社会可持续发展的内在根本要求。

（2）全局性。制度的产生要从事物发展的整体和全过程确定建设内容，使其成为一个单位或一个地区整体工作正常开展的有力措施。随着2014年《水土保持补偿费征收使用管理办法》的出台，我国水土保持补偿费制度基本形成。正是出于考虑全局性的影响和作用，针对油气资源开发实行不同于其他矿产资源的水土保持补偿费规定。油气资源开发水土保持生态补偿制度在具体实施过程中更要从全局视角公平解决各利益主体之间的矛盾，使问题在主体层面、基础层面和主要层面均得以有效解决。

（3）强制性。强制性要求必须依法为或者不为。油气资源开发水土保持生态补偿制度不同于一般组织的规章制度，可以自由选择做不做或者怎么做。油气资源开发水土保持生态补偿制度通过向油气开采者收费及向保护者和受害者补偿的方式，调整各方的生态和经济利益分配关系，从而在适度开发油气资源的同时兼顾自身与生态系统的协调发展。这项制度的实施具有强制性，油气资源开发企业无法逃避，其在获得油气资源开发权益的同时必须承担水土保持补偿责任。

3.4 油气资源开发水土保持补偿制度问题分析

油气资源开发水土保持补偿制度是协调油气资源开发利益相关者之间关系的有效机制，在补偿主客体、补偿标准、资金渠道、法律体系、监测与监督等方面的调整优化研究有待深入。

3.4.1 水土保持补偿生态补偿制度构成要素方面

（1）补偿主体界定不清。“谁开发谁保护、谁破坏谁治理、谁受益谁补偿”的环境保护原则明确了生态补偿主体的界定原则，但在具体实施方面还很复杂，国家、社会组织、单位和个人都有可能成为补偿主体。众多补偿主体并未明确，难以依据现行法律条款明确界定各利益相关者的环境权利、义务、责任，而易于陷入“公地悲剧”的陷阱之中。补偿主体模糊使得水土保持生态补偿制度的开展并不顺利，有失公平性。

（2）补偿客体未统一。关于水土保持生态补偿客体，学术界争论很大，未形成统一的观点指向：一种观点注重对人的补偿，认为水土保持补偿客体就是补偿的受偿对象，此观点与水土保持接受主体相混淆；另一种观点注重对生态环境的补偿，补偿客体是自然生态系统，非法律意义的补偿客体；还有观点片面地认为水土保持补偿客体是生态补偿行为。因此，有必要探寻水土保持法律关系中权利义务的真正指向。

（3）补偿标准不够明确。水土保持补偿费征收标准是政府和企业关注的焦点所在，其标准设置应当“轻重适度”。过低的水土补偿费可能导致人类生产经营活动对环境的破坏远高于其缴纳的补偿费所能恢复的程度，而如果缴纳的水土保持费用过高，可能会很大程度地影响经济建设，加重油气企业缴费负担。因此，设置“轻重适度”的水土保持补偿费标准显得尤为重要。轻重适度意味着不仅要较清楚地划分各种缴费项目，更要科学、合理地根据各个项目进行费用的征缴。水土保持补偿费的收费标准存在一定的不科学性，突出表现为油气开采期间按油气井占地面积征收不够合理。现行水土保持补偿费按照油气资源开发的建设期间和开采期间分别计征，基本体现了油气资源开发活动的特点。但是，油气资源开采期间按照油气生产井占地面积计征未能全面反映油气资源开发造成水土保持生态服务功能的损失，仍然存在一定的局限性，主要表现为：

①按照油气生产井占地面积征收计费依据过窄。油气资源开发项目中的油区道路、计量间、联合站、水井、勘探井等占地面积不容小觑。以大庆市红岗区为例，该区地处油田腹部，横跨萨尔图和杏树岗两个采油区，辖区原油产量占大庆油田产量40%左右，辖区有油水井1万多口、计量间754个、联合站271个、油田道路57条、进井路近1万条，辖区共有产能用地92 071.2亩，其中，油水井、计量间、联合站用地45 857.1亩，管线用地23 412.1亩，油田道路用地22 802亩，从而形成产能建设用地面积大、用地分散的现状[①]。2018年，陕西省志丹县境内胡尖山油田占地面积138.1公顷，辖区内油田道路全长235.8千米，面积约占油田占地总面积的40%[②]。由此可见，油气生产井占地面积只是油田产能用地的一部分，现行油气资源开采期间水土保持补偿费按照油气生产井占地面积计征，征收面积过小，计费依据过窄，未能全面反映油气资源开发造成水土保持生态服务功能的损失，在一定程度上限制了水土保持生态服务功能的恢复和治理。

②按照油气生产井占地面积征收未能充分考虑水土保持生态服务功能损害因素。油气资源开发水土保持补偿费以油气生产井占地面积为计费依据主要体现了生产井对占压、扰动土地及毁坏植被的补偿。开采期间落地原油、注水采油、水力压裂带来的潜在地质危害和污染等损害并未一并考虑。这些因素的损害程度与油气产量密切相关，仅按油气井面积征收并不科学。

③征收标准偏低。目前对于油气资源开发开采期间水土保持补偿费的征收标准，各省还是依据2014年《水土保持补偿费征收使用管理办法》制定相应的标准，由于征收依据过窄而存在征收标准偏低的情况。现举例说明，大庆油田2018年共有油水井123 100口，其中，油井76 452口、水井46 648口。在实际征缴过程中，中石油大庆油田在2018年上缴水土保

---

① 刘洋，王甲山，李绍萍，等．论我国油气资源开发的水土保持生态补偿制度［J］．西南石油大学学报，2021（1）．

② 王海燕，王海军，张长印，等．油田道路对水土保持功能的影响评价［J］．水土保持通讯，2018（12）．

持补偿费 6 700 万元，忽略油气开发建设期一次性计征的水土保持补偿费，假设全部为生产阶段缴纳的费用，如果按油气井占地面积每平方米 0. 8 元的标准倒推，大庆油田是按照每口油气生产井辐射 1 095 平方米计算的。以其中某一区块为例，徐家围子油田徐 16 区块永久占地 65. 97 公顷，临时占地 381. 45 公顷，油井 242 口①。每口油气井按 1 100 平方米计算，该区块水土保持补偿费征收面积为 26. 6 公顷，不足永久占地的 50%，故存在征收标准偏低的可能。如将勘探建设期缴纳的水土保持费考虑在内，实际征收标准将更加偏低。

④补偿依据未明确界定。《中华人民共和国水土保持法》第三十二条规定：对于水土保持设施、地貌植被无法恢复原有水土保持生态服务功能的，应当缴纳水土保持补偿费。其中的“不能恢复原有水土保持生态服务功能”究竟如何界定，还没有严格的标准和界定办法。例如，从现有水土保持补偿费征收标准来看，油气资源开采期按照油、气生产井占地面积征收水土保持补偿费，未将油气管道运营占地考虑其中，视为已恢复原有水土保持生态服务功能。实际上，举例来说，在大庆市粮食产地进行油气传输管道建设，管道运营过程中通过平整土地恢复了原来的种植功能，但是该土壤已不适合种植粮食，只能种树，并没有完全恢复原有种植功能，应交纳水土保持补偿费。是否可以视为恢复了原有水土保持生态服务功能，我国的水土保持生态补偿制度对此并没有详细、具体的界定标准。

（4）补偿资金渠道受限。一方面，补偿资金渠道狭窄。油气企业每年上缴的水土保持补偿费等生态税费是补偿资金的主要来源渠道。各地方政府开展水土保持补偿工作的资金主要依靠国家水土保持重点工程补助资金等中央政府的垂直财政拨款。2016 年，中央财政安排农田水利设施建设和水土保持补助资金 399. 97 亿元，其中，支持水土流失综合治理和淤地坝除险加固 33 亿元②。2023 年，国家水土保持重点工程安排中央资金 81. 4 亿元，下达水土流失治理任务 1. 21 万平方千米③。但是，有限的财政拨款难

---

① 刘洋，王甲山，李绍萍，等. 论我国油气资源开发的水土保持生态补偿制度［J］. 西南石油大学学报，2021（1）.

② 中央财政农田水利设施建设和水土保持补助资金 399. 97 亿元全部拨付［EB/OL］.（2016 - 07 - 20）. http：//www. gov. cn.

③ 2023 年中国水土保持公报［EB/OL］.（2024 - 04 - 07）. http：//swcc. mwr. gov. cn/.

以支撑所有水土补偿成本，归油气开发区地方管理和使用的水土保持补偿费不足以补偿对水土保持生态服务功能的破坏，资源开采环境问题生态修复因资金限制难以彻底治理和恢复。另一方面，补偿资金流转不畅。目前，来自生态基金、社会捐赠、生态债券、优惠贷款等市场机制作用渠道的资金投入很少，且所有补偿都类似“输血式”补偿，这种“亡羊补牢”的事后治理方式很难从根本上遏制水土流失。补偿方式中，我国还是以资金补偿为主、政策补偿为辅，其他补偿方式很少运用，政府可能因为没有掌握被补偿地区的实际需求情况，出现投入不足、不公平等问题，补偿资金的健康流转是水土保持补偿持续健康运转的前提条件，通过引入市场机制让区域政府、责任单位，甚至每一个公民参与到水土治理中来，已经成为解决全国水土流失问题的有效途径。

3.4.2　水土保持补偿法律体系方面

许多国家的水土保持工作主要通过立法手段加以保证和实现，水土保持补偿法律为水土保持工作提供政策指向和依据。中国最早于 1957 年颁布《中华人民共和国水土保持暂行纲要》、1982 年发布《水土保持工作条例》，而 1991 年颁布的《中华人民共和国水土保持法》形成真正意义上的法律文件。2011 年 3 月修订实施的《中华人民共和国水土保持法》，从原则性、宏观性方面对水土保持生态补偿制度作出规定，从立法层面进一步加强水土保持工作，防治水土流失，保护生态环境。我国现行油气资源开发水土保持补偿的法律依据主要是 2011 年修订的《中华人民共和国水土保持法》和 2014 年出台的《水土保持补偿费征收使用管理办法》，现有法律制度存在不足，针对油气资源开发水土保持生态补偿的法律体系不够健全。

一方面，《中华人民共和国水土保持法》还需修订完善。随着水土流失防治形势的不断变化，《中华人民共和国水土保持法》修订完善的需求越来越强烈，迫切需要组织、开展专题研究，提出相关对策建议，并启动水土保持法修订前期工作。一是地方普遍反映部分制度仍需进一步完善，如水土保持方案频繁变更及违规弃土弃渣的监管、个人开发建设活动造成水土流失的监管、“代为治理”制度、水土保持行政执法与司法衔接等；

二是资源产区政府机构的水土保持管理权责不匹配的问题有待解决；三是水土保持法个别条文有待进一步完善，如第二十五条提出的“在山区、丘陵区、风沙区以及水土保持规划确定的容易发生水土流失的其他区域开办可能造成水土流失的生产建设项目，生产建设单位应当编制水土保持方案”，“四区”的内涵界定不清，实际上开办生产建设项目的单位均应编制水土保持方案等。

另一方面，油气资源开发水土保持生态补偿法律体系尚未完全建立。有关油气资源开发水土保持生态补偿并没有独立的法律制度，只是在《水土保持补偿费征收使用管理办法》的计费依据中被单独列示。其他环境保护有关法律对资源开采环境管理只提出了开发企业应当如何做的原则性要求，缺少全面的、具有可操作性的生态补偿相关法律准则。如2009年8月修正的《矿产资源法》第三十二条规定“开采矿产资源，必须遵守有关环境保护的法律规定，防止污染环境”。2011年3月《土地复垦条例》第十条规定“地下采矿等造成地表塌陷的土地由土地复垦义务人负责复垦”。2015年1月实施的《中华人民共和国环境保护法》第十九条规定“开发利用自然资源，必须采取措施保护生态环境”。2016年5月实施的《深海海底区域资源勘探开发法》要求承包者从事勘探、开发活动应当采取必要措施，保护和保全稀有或者脆弱的生态系统。2017年6月修正的《中华人民共和国水污染防治法》第四十二条规定“兴建地下工程设施或者进行地下勘探、采矿等活动，应当采取防护性措施，防止地下水污染。报废矿井、钻井或者取水井等，应当实施封井或者回填”。2019年8月修正的《中华人民共和国土地管理法》并未对资源开发相关土地管理作出明确规定。2023年3月1日起施行的《生产建设项目水土保持方案管理办法》规定，征占地面积在5公顷以上或者挖填土石方总量在5万立方米以上的生产建设项目应当编制水土保持方案报告书。关于油气资源开发水土保持如何补偿、怎样补偿并没有具体的法律条文规定。

油气资源开发水土保持如何补偿、怎样补偿并没有具体的法律条文规定。总之，作为主要法律依据的《中华人民共和国水土保持法》需要修订完善，其他部分法律制度也仅对资源开发企业提出原则性要求，关于油气资源开发水土环境补偿的具体条款几乎空白，我国油气资源开发生态补偿制度立法体系尚未完全建立起来。

3.4.3　水土保持监测与监督方面

《中华人民共和国水土保持法》有独立的一章内容规定水土保持监测和监督工作，但实际操作时具体的监督机制还比较薄弱。与2020年基本实现生态状况监测全覆盖的要求相比，水土保持监测的预报预警和信息化能力仍有较大完善空间。

（1）监测工作不到位。水土流失动态监测仍未全面开展，对水土流失生态安全预警、水土保持目标责任及有关生态评价考核等的支撑不足。分级负责的生产建设项目监督性监测效能不高，水土流失案件查处不及时，对人为水土流失的约束作用不足。水土保持重点工程治理成效监测评价尚未开展，工程效益不明，无法为检查验收、绩效评价和后续项目布局及规划编制提供科学依据。水土保持监测信息化程度不高，现代化技术应用不足，远远滞后于自然资源、生态环境等其他部门，相关监测成果共享机制不健全，成果应用范围不广。

（2）监督途径有限。油气产区水土生态环境被破坏，当地居民的生产生活受到威胁，水土保持的监督工作应发动油气开发区所有居民的力量进行共同参与和管理。目前主要规定了水行政主管部门和流域管理机构针对单位和个人的监督检查，没有畅通群众对单位、个人以及水土保持部门的监督途径。

（3）监督队伍缺乏了解油气开发的执法人员。由于油气作业具有高度技术专业性，这就需要负责油气生产环保监管的地方环保部门拥有具备油气开发专业知识背景和一定的从业经验的执法监测人员，而目前还没有针对油气产业配置专业执法人员的例子。油气作业的监管呈现出“弱政府、强企业”的倒置状态，本应成为监管对象的油气企业，反而成为生态监管的主力。

（4）缺乏特殊行业专业化专职监管机构。油气行业是典型的高污染风险产业，但监管却一直是我国政府监管的薄弱环节。近年来，不断有学者建议改革油气资源监管体系的顶层设计，以彻底解决油气生产的环保安全问题。

监督工作仍是水土保持中的薄弱环节，各省份水土流失的监督工作开展不平衡，还不能完全适应新时代水土保持行业管理和社会管理的需要，也无法满足服务区域生态文明建设的要求，通过改革创新切实提升水土保持监督能力以及加快推进治理能力现代化势在必行。

3.5 油气企业水土流失防治实践分析

3.5.1 防治措施

中国石油、中国石化、中国海油三大公司从事石油、天然气等资源的勘探开发和其他经济活动，在创造巨大财富的同时，也给环境保护带来了巨大挑战。多年来，油气企业将油气资源开发决策和活动对环境的影响纳入整体考虑范围，油气企业在生产建设项目及生产建设活动中秉承“环保优先、安全第一、质量至上、以人为本”的理念，一直坚持“预防为主、保护优先”“因地制宜、因害设防”的原则，把防治水土流失、保护生态环境作为企业应尽的重要社会责任，由此构建了油气生产建设水土保持工作体系，如图3-1所示。该体系以资金、标准、职责和监管四措并举的保障措施为根本，建立减少施工队对地表的扰动、加强施工生态环境保护、强化地貌的恢复及绿化、优化注水采油循环系统、防治原油和污水渗漏的五位一体防治办法，开创了油气生产建设活动水土流失防治工作的新局面。石油公司出台环境管理制度，加强环境突发事件和环境风险管控，预防、控制和消除环境事件危害，进一步加强水土流失防治工作。

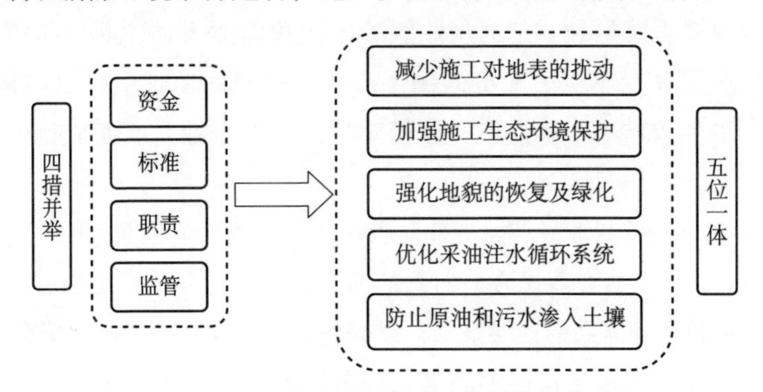

图3-1 油气生产建设水土保持工作体系

3.5.1.1　“四措并举”的保障措施

（1）加大资金投入，防治有保障。石油石化企业在缴纳水土保持与防治费用的同时，组织企业认真实施和落实水土保持方案。需要进行水土保持工作的建设项目，在工程概算中均列入专项费用并专款专用。油气开发建设项目投产运营后，每年都拨出专款用于防治洪水、山体滑坡、泥石流等自然灾害，确保油气生产设施和人员安全。

（2）制定规范和标准，防治措施有依据。针对山区、丘陵区和风沙区等不同区域内油气生产建设项目造成的水土流失差异性，油气公司要求下属各油气资源开发企业要结合所在区域油气生产建设水土流失特点，制定适合本企业的水土流失技术规范和标准。从技术层面规范水土流失防治工作，加强水土流失防治的管理。

（3）明确职责，防治方案有落实。依照“谁开发、谁保护，谁流失、谁治理”的原则，明确油气生产建设单位水土流失防治职责。特别是《中华人民共和国水土保持法》实施以来，在山区、丘陵区和风沙区开发的油气建设项目都要按要求编制水土保持方案或环评方案，实现了水土保持工程与油气建设项目同时设计、同时施工、同时验收，严格执行“三同时”制度。

（4）强化监管，防治责任有追究。为保证工程质量，油气建设单位聘请有资质的水土保持监测、监理单位对水土保持工程进行监督管理，同时还主动配合地方行政主管部门的监督与管理，并积极接受社会公众和媒体的监督。对于违反水土保持法律、法规及企业有关制度的相关单位和责任人，实行责任追究制度并采取相应的处罚措施。中国石油持续加强环境监测能力建设，完成废水、废气在线监测设备安装和数据联网，建成以“三级环境监测、环境应急监测和污染源在线监测”为主要内容的环境监测网络框架，确保源头治理和过程控制。

3.5.1.2　“五位一体”的防治办法

（1）减少施工对地表扰动的范围和强度。一是项目选址选线时，通过斜井、水平井和分支井等技术手段，尽可能避让森林、农田和水土保持设施。无法避让的，则提高防治标准、优化施工工艺、恢复并加固水土保持设施，减少地表扰动和植被损坏范围，有效控制水土流失。二是优化地面建设工艺和站场布局，提高土地利用效率。油气地面工程尽量选用“井间串联”和“密闭短流程”，以减少管道长度和站场占压土地面积。如长庆油田推广一体化集成技术，2021 年，其油气产能建设实际节约土地 2 304 亩，相当于 215 个足球场大小，完成年度节约用地计划的 161%①。三是严格控制施工用地和施工便道。施工单位严格在界定的水土流失防治责任范围内进行施工，禁止施工车辆、设备任意碾压、侵占非施工用地。运输车辆不得在环境脆弱区随意穿行，充分利用项目区既有道路，减少占地。四是科学安排施工时序，采取截（排）水和边坡防护措施，防止滑坡、塌方等重力侵蚀。如庆阳市油田在井场施工完毕后采取将泥浆、岩屑固化填埋的方式回填后压实地面，以保护地表，减少风蚀和土地沙化，从而有效保护当地的生态环境。通过加强对占用土地的治理，在原油集输站、计量站等一些站场进行人工绿化，有效地减轻了水土流失。

（2）加强施工过程生态环境保护。一是工程开挖土石方尽量减少开挖量和废弃量，防止重复开挖及多次倒运。二是对草皮、表层土剥离后进行充分利用。开挖管沟、站场、管道先进行表土剥离、集中堆放，施工结束后用以覆土绿化。三是优化工程施工进度，有效缩短产生水土流失时段。例如，雨季时应尽量避免管线开挖施工，尽量避免大量临时堆土；春季大风季节尽量避免大面积开挖和回填。四是优化管道工程施工组织设计，尽量做到分段开挖、分段焊接、分段下管、分段回填，减少开挖土方临时堆放时间。

（3）强化地貌的恢复及绿化。施工结束后，作业带（区）、临时道路等尽快恢复原地貌和坡度，水流穿越处恢复原河道梯度及外形，在山区、丘陵区和风沙区通过工程和生物措施还不同程度地提升了原水土保持生态服务功能。施工完成后拆除所有临时建筑设施、清除建筑材料和废弃物，尽快改善和恢复原有地貌和植被。对井场、计量间、联合站、油区道路以及员工生活区等进行植被绿化。

（4）优化采油注水循环系统。油田不断改进采油工艺，采油注水采用

---

① 澎湃新闻网．在这片土地上，寸土比“珍”［EB/OL］．（2022－08－31）．https：//m. thepaper. cn/baijiahao_ 19699592.

深层水源，系统封闭运行并循环使用，对地表水和土壤水不构成威胁，也不影响地表植被生长，实现了采油注水循环使用封闭运行。积极施行水污染防控与水循环并举，回收污水，在油水分离和过滤处理后实现油回收、水回注，避免对水体造成污染。据中国石油天然气集团公司企业社会责任报告显示，截至 2022 年底，各油气田采出水处理率达到 100%，回注率 98.69%。通过将“提高水资源利用效率，实现水资源可持续利用”贯穿生产运营各个环节加强用水管理，2022 年，中国石油全年新鲜水用量同比下降 0.11%，实现节水量 923 万立方米①。

（5）采取措施防止原油和污水渗入土壤。现代钻井工艺技术实现抽油和排液阶段流出的原油及废水直接排入计量罐，或通过排污渠流入井场排污坑，计量罐不接触土壤，排污渠、排污坑铺设双层防渗布，有效防止原油、污水渗入土壤，对地表植被造成影响。

3.5.2 防治效果

油气资源开发企业在生产建设活动中因地因时制宜防治水土流失，践行了“建一个油气田留一片绿地，建一条管线留一条绿带”的承诺，实现了开发与保护并重的水土保持目标，收到了良好的防治效果，主要表现为：

（1）通过工程措施，修筑或加固水土保持设施，有效防范了水土流失和生态环境污染，某些油气建设区域水土保持生态服务功能不仅得到恢复，而且不同程度地得到提升。

（2）通过绿化、美化等生物措施，恢复并保护油气建设区域内原地貌植被，减轻生态影响并及时用适地植物进行植被恢复，控制可能造成的新的水土流失，实现了油气建设活动和生态环境协调发展。

（3）通过采用清洁生产工艺等技术措施，使工业废水回用率、工业固体废物资源化及无害化处理处置率大大提高。在一定程度上遏制重大、杜绝特别重大的环境污染和破坏生态环境事故的发生，逐步探索并实现对行

---

① 2022 年中国石油天然气集团公司企业社会责任报告［EB/OL］.（2023－09－21）. https：//www. cnpc. com. cn/.

业排放的石油类污染物进行总量控制。

水土保持工作任重道远，油气企业应秉承永续经营的理念，践行绿色发展，倡导可持续的生产方式。油气企业积极应对油气资源开发面临的环境风险和挑战，建立含油污水生化处理站、污染源在线监测平台，开展高含水油田和低渗透油气田节能节水等环保工程。水土保持工作的持续式开展离不开补偿制度的规范和约束，企业的生产建设与环境发展并举，政府的补偿和监督机制跟进，促进我国水土保持补偿机制的建立。

3.6 本章小结

中国水土保持生态补偿制度大体上经历了探索起步（1957～1989 年）、改革发展（1990～2010 年）、完善补充（2011 年至今）三个发展阶段。油气资源开发水土保持补偿费制度初见雏形，但在补偿标准、补偿渠道、法律体系、监督机制等方面仍存在问题。油气资源开发水土保持生态补偿制度是协调油气资源开发利益相关者之间关系的有效机制，其调整优化研究有待深入。虽然油气企业已将油气资源开发决策和活动对环境的影响纳入整体考虑范围，把保护水土生态环境作为企业应尽的重要社会责任，提出“四措并举”的保障措施、实行“五位一体”的防治办法并取得一定成效，但解决油气生产建设环境负外部性的问题任重而道远。

第4章　国外油气等矿产资源开发水土保持补偿制度实践与启示

水土流失是世界性的生态环境问题，无论发展中国家还是发达国家，都存在不同程度的水土流失问题。纵观趋势走向，世界范围的水土流失问题仍然严峻，整体还在向恶化方面发展。联合国已将水土流失列为全球三大环境问题之一，世界各国广泛关注防治水土流失，保护和合理利用水土资源，以确保人类生存的可持续发展。一些国家在矿产资源开发水土流失防治方面进行了长期不懈的努力并取得了一些卓有成效的经验。

4.1　部分国家油气等矿产资源开发水土保持补偿制度实践

4.1.1　美国实践

美国因其曾经历过较为严重的水土流失，导致了30亿～60亿美元的经济损失，进而对水土保持补偿工作尤为重视并取得一定效果。

（1）加大水土流失专项治理投资。美国政府重视对生态环境的保护，2004年出台的《美国水土保持行政区法》中规定，为防止土壤污染，政府将拨款用于建立专项防治基金。同时，该法律还明确了中央与地方政府防治投入的标准，政府承担大部分环境治理费用。美国将环境治理与资源开发有机结合，在治理中充分考虑参与者的积极性，且成立扶持机构，积极主动地为农民及企业提供环境保护技术支持与服务。由于得力的防治措施和充足的资金投入，受偿主体参与生态保护不仅没有经济损失往往还从中获益，水土保持补偿工作开展得比较顺利。

（2）重视技术研发和推广。美国政府成立技术扶持和推广部门，鼓励土地所有者在耕作技术上的提高，指导企业在从事生产建设的同时重视兼顾环境保护的技术研发，并给予更多优惠支持条件。美国水土保持研究经费占总经费的8%，2015 年，29%的水土保持预算经费用于科学技术的研究与支持。

（3）充分发挥生态自我修复能力。遵循大自然的演化规律，美国积极开展生态自我修复的研究和推广工作，充分发挥生态系统自我修复能力，开展自愈实验，严格限制破坏性大的生产和旅游活动，实施生态修复工程。

（4）多渠道预防监督水土流失。首先是联邦政府派往各州县的水土环境监督人员承担预防、督促和监管职责，对水土流失问题及时发现、及时制止、及时补偿。其次是通过各州县社区及民间组织发挥一定的监督作用。最后，美国民众水土环境保护意识比较强，国家通过道德观念和文明意识塑造公众舆论，使环境监督无处不在，政府可以广泛依靠公众的自觉保护和相互监督。

20 世纪后期，美国从政府到民众因为对生态环境的建设与保护的重视而走上了生态系统协调发展的稳定阶段。通过坚持不懈地贯彻水土保持理念，逐渐形成改善环境、保障区域总体生态质量的生态补偿机制，美国的水土保持生态补偿制度发展成熟。

4.1.2 澳大利亚实践

澳大利亚曾因移民剧增和“淘金热”的兴起引发了无节制的毁林、扩牧、垦荒、开矿等破坏环境的各种问题，造成地表植被覆盖率大大降低，森林、草场退化。在 19 世纪近百年的时间里，导致了大约 50%的可利用土地面积产生较为严重的水土流失。澳大利亚深刻意识到水土流失导致了生态环境恶化、制约了经济发展，甚至威胁了人们的生存。进而，水土保持成为联邦政府和各州政府高度重视的环境治理措施。

（1）制定完善的水土保持法律法规。1938 年，新南威尔士州最先制定

《新南威尔士土壤保护法》，从 1940 年开始，维多利亚州和其他州相继制定《水土保持法》。1946 年，联邦政府成立了水土保持常务委员会，在各州建立健全水土保持管理机构。《水土保持法》经过多次修订，成为指导水土保持的准则。澳大利亚环境成文法主要有《水土保持法》《环境保护法》《环境规划和污染控制》《保护自然遗迹和人文遗迹》《开发利用和管理自然资源》《矿产资源开发法》等相关法律法规。

（2）注重预防。澳大利亚对水土流失的监测和预防采取超前投资的办法，使用人工智能和利用声呐遥感系统建立数学模型和大数据库，监测土壤侵蚀程度、范围和形态，分析其发展趋势，及时通报数据并采取预防措施。其研发的水下海岸侵蚀发展趋势演示软件能够准确直观地模拟生产建设项目可能产生的危害。政府重视环境预防，要求采矿者在开矿前考虑开采对周围动植物和人居的影响，拿出矿山开采过程水土治理计划，并在缴纳恢复环境所需的相关费用后才能开矿。澳大利亚形成了一整套环境影响评价、矿山生态恢复、污染企业自我监控等预防措施。

（3）建立政府投入及补偿机制。投入机制和补偿制度是开展水土保持工作的基本保障，澳大利亚联邦政府对水土保持科技发展十分重视，每年拨出专款开展科学研究和技术推广。对水土保持工作的投入形成机制，明确中央政府、地方政府和企业的投入比例关系，通过设立水土保持基金、鼓励社会捐助等保障水土保持资金来源。形成规范的水土保持生态补偿制度，在内容、标准、方法与途径等方面都有明确规定：要求企业在开矿前必须先向政府交纳环境恢复押金，提交环境保护方案和治理措施，并认真组织实施。如果采矿者没有按照预先方案对矿区进行恢复治理、复垦，政府则动用这笔资金进行环境治理，并规定任何建设项目在征地范围内都要预留出 10% 的绿地面积。

（4）处罚面广且严厉。在澳大利亚，不论是政府机构、企业还是个人，只要违反了环保法律法规，都要受到严肃查处。为预防水土流失和土地退化，澳大利亚实行严格的植被保护政策。严禁在原生植物量超过五成的土地上开荒，严禁在被连续种植作物十次以上的土地下开发矿藏。对于违反原生植被保护法的开发商，处以 40 万～100 万澳元的罚款，开发商在土地开发、开发矿藏、生产建设、水利工程等项目建设方面与环境保护发生冲突时，可采用法律手段通过各州土地与环境法院予以解决。

4.1.3 哥伦比亚实践

哥伦比亚有利的地质条件使其蕴含着丰富的矿产资源，然而，没有节制的生产活动再加上大量的森林砍伐使得哥伦比亚面临着非常严重的环境问题。政府意识到环境保护的重要性后，其实行的水土保持政策取得了良好的成果。

（1）生态资金专款专用于地方水保工作。哥伦比亚重视生态补偿资金的筹集，同时专款专用于地方水保工作。一是相关政府部门的财政资金补偿一般占到政府部门预算的1%，主要用于补偿和购买生态功能价值高的土地，进而发挥水土保持生态服务功能。二是征收生态税，相当于中国的水土保持补偿费。主要向电力部门和工业大户进行征收，专门用于这一区域内的水土保持补偿的工作。如发电能力超过10 000千瓦的水电公司必须上交3%销售额的生态税，其他水电公司的征收标准为销售额的1%。征收来的税费用于支付区域内为开展水土保持工作而付出的成本，补偿牺牲的收益。

（2）实行权利金制度。哥伦比亚将权利金制度记载于宪法中，其宪法第360条规定，对于不可再生资源的开采，需要以权利金的方式对经济进行补偿。国家基金会负责运营权利金并将其分配给被补偿地区实体，用以促进矿业、环境和地区发展项目的资金筹措。使用权利金的投资项目，其可行性报告需经环保部门审核，必须兼顾项目所在地环境、社会影响，保证该地区发展的平衡。

（3）矿业活动需要环境许可。哥伦比亚在《矿业法》中规定，只有获得环境主管当局授予的环境许可证之后，才能进行相关的矿业活动。同时，哥伦比亚环境部门和矿业局可协商制定采用的标准和方法，对矿山开采计划中的环境管理问题进行督导和考察，并执行监管和评估。

4.1.4 德国实践

德国是欧洲矿产资源储量第一大国，孕育有许多矿产资源型城市，是突破城市资源枯竭、进行经济结构转型的样本国家，环境治理恢复成效显著。

（1）加大横向转移支付。德国水土保持生态建设中有中国值得借鉴的经验，尤其是水土保持补偿资金来源渠道，其规范化的横向转移支付制度在水土保持补偿工作中发挥了巨大作用。为实现地区间公平受益，德国将税收收入部分设立财政平衡基金，以财政收入能力指数和财政支出平衡指数之间的差值以及生态影响指数为参考指标，差值为正的州应向差值为负的地区横线转移支付，逐步缩小州际的贫富差距，调节地区间经济、生态利益矛盾。具体实施过程中，德国兼顾效率和经济发展目标，合理确定贡献州最高边际负担率，以不影响富裕州经济发展的影响。德国易北河流域生态补偿取得显著效果，得益于政府牵头，运用主导职权平衡各州、地区政府财力差异，确保横向生态补偿的实施。水土保持补偿资金来源以横向补偿为主、其他补偿为辅的多样化补偿筹集渠道是水土保持补偿得以进行的有力资金保障。

（2）建立完整的信息数据库。德国政府要求采矿者将矿区开采相关记录、技术说明、施工图纸等资料存档并进行数字化分析处理，以坐标定位的方式体现在矿区地图上，建立矿区数字信息资料库。数据不断更新和完善，方便随时查找某个区域采矿信息和荒芜情况。矿区信息数据库为资源开采地区环境治理和土地复垦等工作提供了极大的帮助。

（3）加强公众参与度。德国政府注重全民环境宣传作用的发挥，对公众积极进行保护土地和水资源相关法律法规的宣传和教育，让公众能够准确地获取相关信息。政府组织农民进行免费技术培训，传授保护水土资源的耕作技术，对积极进行土地复垦、水土保持的农民以农业补贴方式进行奖励，对违反《环境保护法》的农民则实施相应处罚。普及青少年环保教育，组织学生到大自然中去，感受河流湖泊和大地，参观农田和污水处理厂，使环保理念从小扎根、环保习惯从小培养。

4.2　国外实践对我国的启示

4.2.1　健全水土保持法律制度

通过以上四个国家的经验介绍，无论是加强监督管控还是加大补偿力度，健全水土保持法律制度是每个国家开展水土保持工作的必经之路。一些国家根据本国水土流失特点制定了十分完备的水土保持法律制度，水土保持法律条款细致、可操作性很强，确保执法的公正性和权威性，避免了执法的随意性，减少执法过程中的摩擦。美国等国家拥有完整的生态保护法律体系，而美国多达20余部生态环境建设相关法律法规涉及环境补偿的内容多、范围广。澳大利亚的水土保持法律制度更加细化，根据建设项目划分，充分运用法律的强制性来保障水土保持工作的有法可依。日本出台《土沙防治法》等足够细化的水土保持类法律。完善的水土保持法律体系应当包含水土保持工作的方方面面，结合生产建设项目不同特点，细化各项法律制度，从根本上解决水土流失的环境问题。

4.2.2 加强水土流失预防监督

水土流失预防监督不仅体现为水土流失治理，可持续的水土保持工作应做好事前预防和事中监督，开展水土流失预防监督是水土保持工作的重要组成部分。国外十分重视生态环境的预防保护工作，认为前期防范、过程监督和及时管理是控制水土流失最有效和经济合理的方法。美国、德国等国“谁破坏、谁治理”的理念已经深入人心，凡是生产建设、工程建设项目的实施都同时采取有效的水土保持措施，接受水土保持主管部门的管理、审核和监督，一旦超过预期环境破坏估测值且不能及时补救者，不准立项或停止项目建设。在水土保持以及生态预防中，建立健全水土保持补偿机制尤为重要，预防与监督更是控制水土流失的有效措施，是建设良好生态环境的基础。所以，我国水土保持工作更需要在监管预防方面加强管理。

4.2.3 优化生态环境相关税费

税费作为筹集资金的辅助性手段在水土保持中发挥了一定作用。如哥伦比亚、哥斯达黎加通过生态税收获得补偿资金；匈牙利则以税收优惠政策支持土地使用者开展保护和提高土地质量的工程建设；美国和澳大利亚对矿山企业开采过程中的环境恢复建设的研发投入给予税收优惠的补偿，生态环境税费中的大量比例投入水土保持建设项目。我国生态税费制度体系并未完全形成，很难在水土保持环境建设中发挥整体效用，有待于进一步制定和完善。

4.2.4　拓宽水土保持筹资渠道

一方面，政府纵向财政投资是进行水土保持工作的有力保障。凡是水土流失治理到位的国家，均离不开政府在生态保护领域的巨额资金支持，较高的政府投入是保证水土保持工作健康、有序、高效开展的重要前提。如美国每年水土保持投入为3亿多美元，50年来累计投资额达200亿美元；澳大利亚在直接用于农牧地的水土保持投资中，联邦投资占17%左右，州财政投资占30%左右，农场主占53%左右；印度水土保持经费投入约占农业总投资的15%左右；德国从20世纪70年代初到80年代初的10年间，政府投入2亿多马克治理了250条小流域，此后10年间又拨款2.5亿马克治理了400条小流域。另一方面，地区间横向生态保护补偿机制是水土保持资金足量、可持续来源的有力支撑。国外水土保持补偿的资金不仅通过政府获取，而且充分利用市场机制，美国设立页岩气开采专项基金开放生态市场交易，有效扩大补偿资金的来源渠道。我国水土保持投资渠道相对发达国家来说依然比较单一，且资金的运转不具有可循环性，因此，我国应拓宽水土保持筹资渠道，建立水土保持事业可循环性经济体系。

4.3　本章小结

世界各国广泛关注防治水土流失，保护和合理利用水土资源，以确保国民经济和社会可持续发展。美国、澳大利亚、哥伦比亚和德国等国在水土流失预防和治理方面上都具有值得借鉴的经验，我国在今后的水土保持工作中还需进一步健全水土保持法律制度、加强水土流失预防监督、优化水土保持相关税费、拓宽水土保持筹资渠道。

第5章　我国油气资源开发水土流失的区域特征及影响表现

我国油气田分布广泛，其中，在东北部、中部、西北部、西南部等地区均已进行部分开发。资源开发导致人为扰动生态系统因子的固有形态，诱发水土流失、地表水污染、地下水超采、土壤沙化、草场退化、风蚀和水蚀加剧等自然灾害，对资源产区造成一定的经济损失和环境破坏，油气田开发所处地区呈现不同的水土流失区域特征。资源开发活动对构成生态系统的部分因子产生一定影响，从而破坏生态系统的固有属性，导致水土保持生态服务功能降低。油气资源开发建设期和开采期对水土保持生态服务功能的影响程度和破坏的表现方式不尽相同，对比分析其影响表现从而确立补偿标准的不同计量方式。

5.1　我国油气资源开发水土流失的区域特征

5.1.1　中国水土流失的总体特征

水和土地资源是生态系统良性演替的基本物质环境，是人类生存的基础。我国国土面积幅员辽阔，南方和北方受地理条件影响，水土流失表现差别很大。南方大部分地区属于亚热带季风气候，雨季降水量集中，常达年降水量的60%～80%，且多暴雨，易引发泥石流和洪灾，造成严重的水土流失。北方过度放牧和进行粮食生产，掠夺性地开垦土地资源，忽视因地制宜搞农、林、牧的合理发展，开垦陡坡地，无节制地开发矿产资源，导致草木锐减、地表裸露、降低边坡稳定性等，从而加重水土流失。根据2013年全国第一次水利普查结果，我国水土流失面积294.91万平方千米，占全国土地总面积的30.72%，其中，水力侵蚀面积129.32万平方千米，风力侵蚀165.59万平方千米[①]。其具体分布如表5-1所示。

2023年8月，水利部组织完成了2022年度全国水土流失动态监测工作。结果显示，2022年全国水土流失面积265.34万平方千米，与2011年相比，水土流失面积减少了29.58万平方千米，相当于湖南省的面积，减幅为10.03%。2022年，我国水土流失以中轻度为主，强度明显下降。轻度水土流失面积占总水土流失面积的64.72%。中度及以上水土流失面积占总水土流失面积的35.28%。从东部、中部、西部地区分布看，西部地区水土流失最为严重，占全国水土流失总面积的84.2%；中部地区次之，占全国水土流失总面积的10.7%；东部地区最轻，占全国水土流失总面积的5.1%[②]。

表5-1　全国各省份水蚀与风蚀面积　　单位：平方千米

地区	水蚀面积	风蚀面积	合计	地区	水蚀面积	风蚀面积	合计	地区	水蚀面积	风蚀面积	合计
北京	3 202	0	3 202	贵州	55 269	0	55 269	安徽	13 899	0	13 899
天津	236	0	236	云南	109 588	0	109 588	福建	12 181	0	12 181
河北	42 135	4 961	47 096	西藏	61 602	37 130	98 932	江西	26 497	0	26 497
新疆	87 621	797 793	885 414	重庆	31 363	0	31 363	湖北	36 903	0	36 903
内蒙古	102 398	526 624	629 022	陕西	70 807	1 879	72 686	湖南	32 288	0	32 288
辽宁	43 988	1 947	45 935	甘肃	76 112	125 075	201 187	广东	21 305	0	21 305
吉林	34 744	13 259	48 003	青海	42 805	125 878	168 683	广西	50 357	0	50 357
黑龙江	73 251	8 687	81 938	宁夏	13 891	5 728	19 619	海南	2 116	0	2 116
上海	4	0	4	山西	70 283	0	70 283	四川	114 420	6 622	12 042
江苏	3 177	0	3 177	山东	27 253	0	27 253				
浙江	3 177	0	3 177	河南	23 464	0	23 464				

注：第一次全国水利普查数据（统计未包含香港、澳门和台湾地区）。

资料来源：中华人民共和国水利部．第一次全国水利普查水土保持情况公报［J］．中国水土保持，2023（10）．

---

① 中华人民共和国水利部．第一次全国水利普查公报［EB/OL］．（2013-03-21）．http：//www.mwr.gov.cn/sj/tjgb/dycqgslpcgb/.

② 2022年全国水土流失面积降至265.34万平方公里［EB/OL］．（2023-08-16）．http：//env.people.com.cn/n1/2023/0816/c1010-40057350.html.

当前，我国仍有超过国土面积1/4的水土流失面积。水土流失面积大、分布广，导致治理难度越来越大，特别是中西部地区基础设施建设与资源开发强度大，水土资源保护压力大，黄土高原、东北黑土区、长江经济带、石漠化等区域水土流失问题依然突出，贫困地区小流域综合治理亟待加快推进。总体来说，水土流失区域特点表现为：

（1）分布广、面积大。我国的地势以山地、丘陵和高原为主，约占国土总面积的70%以上，沙漠、冰川、石山面积广阔，特殊的自然地理条件下全国绝大多数省区都存在不同程度的水土流失，水土流失不仅发生在山区、丘陵、风沙区，平原、沿海地区也有部分存在，农村、城镇、开发区和交通工矿区水土流失广泛存在产生。

（2）侵蚀类型多样化。我国水土流失侵蚀类型多样，水蚀、风蚀、重力侵蚀、冻融侵蚀及滑坡、泥石流等相互交错。西北黄土高原、东北黑土地区、南方红壤丘陵区等以水力侵蚀为主，戈壁沙漠、风沙区为风力侵蚀类型区，西藏高原冰川、西北高山区冻融侵蚀强烈，黄河中游为重力侵蚀，我国多处地区同时伴有多种侵蚀类型。

（3）坡耕地流失占主导。水土流失量主要来自坡耕地水力侵蚀和沟道重力侵蚀，并由此导致水土资源破坏，从而降低土地生产力。全国现有坡耕地面积占耕地总面积的15.7%，坡耕地水土流失面积占全国水土流失面积的比重有所上升。重点分布在长江上中游、黄土高原等地区，特别是长江上中游的云南、贵州、四川、重庆、湖北五省（直辖市）坡耕地面积占全国的一半以上①。

（4）开发建设是诱因。随着工业化和城市化进程加快，大量基础设施建设项目不仅破坏原始地貌和植被，而且产生大量弃土弃渣。不合理的修筑公路、修建厂房、挖煤、采石等开发建设活动破坏了地表植被，使边坡稳定性降低，从而引起滑坡、塌方、泥石流等更为严重的地质灾害。

---

① 中华人民共和国国务院新闻办公室．国新办举行加强新时代水土保持工作新闻发布会［EB/OL］．（2013－01－12）．http：//www.scio.gov.cn/xwfb/gwyxwbgsxwfbh/wqfbh_2284/49421/49438/index_m.html.

5.1.2 东北部油气田所处区域水土流失特征

东北部油气田包括大庆油田、吉林油田、辽河油田。

大庆油田位于黑龙江省西部地区，地处松嫩平原，曾是我国最大的油田，也是世界范围内屈指可数的特大型砂岩油田之一。油田南北长140千米，东西最宽处70千米，由萨尔图、杏树岗、喇嘛甸等52个油气田组成，含油面积6 000多平方千米①。

吉林油田坐落在吉林省西北部松花江畔，位于科尔沁草原，北临大庆、南依辽河，横跨长春、松原、白城3个地区的20个县（区），油气勘探开发在吉林省境内的松辽盆地展开，累计开发油气田31个，生产原油1.78亿吨、天然气216亿立方米，为保障国家能源安全和地方经济社会发展作出重要贡献②。

辽河油田主要分布在辽河中上游平原地区以及内蒙古东部和辽东湾滩海地区，油田勘探开发范围覆盖辽宁省、内蒙古自治区的12个市（地）、34个县（旗）。已开发建设26个油田，建成兴隆台、茨榆坨、冷家、曙光、锦州、高升、沈阳、欢喜岭、科尔沁9个主要生产基地③。

东北部油气田位于东北黑土区，受水蚀、风蚀等共同作用，据中国水土保持公报2021年的数据，东北黑土区水土流失面积21.41万平方千米，占其土地总面积108.75万平方千米的19.68%。黑龙江、吉林、辽宁、内蒙古四省份水土流失面积分别为11.52万、3.11万、3.41万和9.55万平方千米。东北水土流失区域特点具体表现为：

（1）黑土退化日趋加剧。水土流失导致土壤抗侵蚀能力下降，黑土退化是直接后果。黑土中自然腐殖质层达到一定厚度才能实现耕种价值，一般为30~70厘米，低于30厘米则易被剥蚀掉，而残留的淀积层土壤肥力极低。中国科学院在黑龙江哈尔滨发布的《东北黑土地白皮书（2020）》

---

① 国家能源局．大庆油田进入年产原油4000万吨持续稳产新阶段［EB/OL］．（2011-10-10）．http：//www.nea.gov.cn/2011-10/10/c_131182441.htm.

② 中国石油新闻中心．吉林油田六十年改革发展计时［EB/OL］．（2021-01-14）．http：//news.cnpc.com.cn/system/2021/01/14/030021975.shtml.

③ 中国石油大学新闻网．中国油田概况［EB/OL］．（2013-05-31）．https：//www.cup.edu.cn/news/nydt/82237.htm.

指出，东北黑土地黑土层的厚度已经减少了30%至50%，一些地区土壤黑土层不足20厘米，而且目前黑土层仍以每年1~2毫米的速度减少。黑土的流失意味着土壤中的有机质含量骤降，黑土物理性状改变，保水保肥能力降低。①

（2）土壤污染严重。东北黑土区土壤污染主要来源有二：一是农药、化肥、农膜造成的污染。如表5-2所示，以黑龙江省化肥施用量为例，2004~2022年黑龙江省土地化肥施用总量波动上升呈递增趋势，随着农药、塑料农膜和地膜等化工制品进入土壤，对黑土造成很大危害。二是矿产资源开发及工业“三废”排放造成的污染。东北黑土区三大油田原油没有被及时、全部回收而进入土壤，工业废弃物随意排放，使得土壤中重金属及有害物质增多，造成土壤板结，降低农作物产量，甚至永久丧失耕作能力。

表5-2　2004~2022年黑龙江省化肥施用量

序号	年份	化肥施用量（万吨）
1	2004	144
2	2005	151
3	2006	162
4	2007	175
5	2008	181
6	2009	199
7	2010	215
8	2011	228
9	2012	240
10	2013	245
11	2014	252
12	2015	255
13	2016	252
14	2017	251
15	2018	246

① 中国新闻网．东北黑土地白皮书（2020）［EB/OL］．（2021-07-09）．https：//www.chinanews.com/cul/2021/07-09/9516499.shtml.

续表

序号	年份	化肥施用量（万吨）
16	2019	223
17	2020	224
18	2021	239
19	2022	239

资料来源：国家统计局。

（3）工矿区风力侵蚀影响。根据黑龙江省水土保持机构所进行的大庆市水土流失遥感普查显示，大庆市2022年水土流失面积7 742.33平方千米，其中，风蚀（包括工矿区）增加的速度快，而水蚀慢。大庆市水土流失问题的主因是油气资源开发，由于油田地面施工作业、管道铺设、取土等所产生的工矿侵蚀。此部分侵蚀面积多属风力侵蚀类型，全市工矿区侵蚀面积详见表5－3。

表5－3　　大庆市工矿侵蚀面积表　　单位：公顷

区域名称	油田矿区侵蚀面积	其他工矿区侵蚀面积	合计
大庆市合计	56 396.15	2 871.97	59 268.11
大庆市区	52 574.12	2 092.88	54 667.00
其中：大同区	19 100.81	2 092.88	21 193.69
四县合计	3 822.03	779.09	4 601.11
其中：肇州县	686.04	276.9	963.83
肇源县	106.04	334.08	440.12
林甸县		56.16	56.16
杜蒙县	3 029.05	111.95	3 141.00

资料来源：周德强，冯艳华，彭德兴，等．关于大庆市城区水土保持的思考［J］．黑龙江水利科技，2008（2）．

5.1.3　中部油气田所处区域水土流失特征

中部油气田包括华北的华北油田、冀东油田、大港油田、渤海湾油田（渤海）和华东的胜利油田、江苏油田、中原油田、南阳油田、江汉油田。

华北油田位于河北省中部地区，地处冀中平原的任丘市，包括京、冀、晋、蒙区域内油气生产区，油气勘探四大探区主要集中在冀中地区、内蒙古中部地区和冀南—南华北地区、山西沁水盆地等。勘探面积近20万平方千米，先后探明并开采54个油气田，油气集输管线3 500多千米①。

冀东油田位于渤海湾北部沿海，地跨唐山、秦皇岛、唐海等两市七县，总面积6 300平方千米，其中，陆地面积3 600平方千米，潮间带和极浅海面积2 700平方千米，油田相继勘探发现高尚堡、柳赞、杨各庄等7个油田②。

胜利油田是全国第二大油田，地处山东北部渤海之滨的黄河三角洲地带，主体位于山东省东营市境内的黄河入海口两侧，探区跨德州、济南、滨州、潍坊、淄博、聊城、烟台等8个市的28个县（区），面积范围约4.4万平方千米。截至2021年，胜利油田已探明不同类型油气田81个，探明石油地质储量55亿吨，累计生产原油12.5亿吨，占我国同期陆上原油产量的1/5③。

中原油田地处河南省濮阳地区，主要勘探开发区域包括东濮凹陷、普光气田和内蒙古探区，东濮凹陷横跨豫鲁两省，面积5 300平方千米，普光气田位于川东北，面积1 116平方千米，内蒙古探区共有探矿权区块21个，面积3.56万平方千米。

江汉油田位于湖北省境内的潜江、荆沙等7个市县和山东寿光市、广饶县以及湖南省衡阳市。已投入开发油气田24个，探明含油面积139.6平方千米、含气面积71.04平方千米。建成江汉油田、山东八面河油田、陕西安塞坪北油田和建南气田4个油气生产基地。

江苏油田位于江苏省的中部，安徽省的东部，东濒黄海、西临洪泽湖、南倚长江、北靠东陇海线。主要分布在江苏省的扬州、盐城、淮阴、镇江4个地区8个县市，已探明并开发的油气田22个，勘探的主要对象在苏北盆地东台坳陷。

中部油气田所处区域地势复杂，山地、丘陵、平原兼备。该区域水土

---

① 中国大百科全书网络版．华北油田［EB/OL］．（2022－12－28）．https：//www. zgbk. com/ecph/words? SiteID＝1&ID＝290061.

② 中国石油大学新闻网．中国油田概况［EB/OL］．（2013－05－31）．https：//www. cup. edu. cn/news/nydt/82237. htm.

③ 胜利油田累计生产原油占我国同期陆上原油产量1/5［EB/OL］．（2021－04－18）．https：//politics. gmw. cn/2021－04/18/content_ 34772027. htm.

流失特点表现为：

（1）平原沙土区地力下降。据测定，沙土区的平均水位在0.8米左右，土壤沙粒约占30%～40%，粉砂约占40%～50%，黏土约占10%～15%。总孔隙度小于50%，渗透系数1×10^{-6}厘米/秒左右，土壤颗粒细小，结构松散①。长时间形成的较为稳定的沙土区沙水结构在施工机械的外力作用下"垮塌"，颗粒瞬间下沉而引起水压，水位上升外流并带走一部分粒径较小的颗粒而使土壤受到压缩，氮、磷、钾、钠等矿质元素也随之流失，地力下降。

（2）土地生产力降低。土壤耕作层平均厚度约在10～15厘米左右，是农作物赖以生存的基础。在油气田建设中，管沟开挖必然使土壤层次、质地发生很大改变。油气管道从焊接到下沟、从试压到回填，地貌恢复需要一段较长的时间，而工程队伍无论从技术上还是经济上都无法实现对开挖土壤的保护。管沟回填完成后的土壤中含有的有机质、全氮、全磷含量均显著低于非作业带，表层土壤全磷量显著低于非作业带。施工作业对原有土体构型产生扰动，使土壤养分状况受到影响，土壤性质恶化，甚至难以恢复，影响植物生长。

（3）雨季降水集中。中部地区属于季风气候，降水量集中，雨季的降水量通常达到年降水总量的60%～80%，时常出现暴雨冲刷土层，威胁水土保持。中部地区大部分河流流量大，季节变化明显，安徽北部、河南、山西（秦淮以北）有结冰期，但结冰期较短，秦淮以北河流含沙量较大。

5.1.4　西北部油气田所处区域水土流失特征

西北油气田包括长庆油田、新疆油田（克拉玛依）、塔里木油田（库尔勒）、吐哈油田、青海油田、延长油田、东海油气田、南海油气田。

长庆油田位于中国第二大盆地——鄂尔多斯盆地，横跨陕、甘、宁、内蒙古、晋五省（区），勘探总面积37万平方千米，已累计发现48个油

---

① 武海峰，王进鑫．油气管道在平原沙土地区水土流失危害与对策［J］．油气田地面工程，2017（11）．

气田，年产油气当量相当于国内年产油气总量的1/6，建成了年产超过6 000万吨的中国第一大油气田。

克拉玛依油田位于新疆准噶尔盆地西北边缘，中心在克拉玛依市，已形成乌尔禾稀油、风城稠油、陆东天然气3个亿吨级油气产区。

青海油田地处青藏高原，位于青海省西北部的柴达木盆地，是青海、西藏两省区重要的产油、供油基地。

塔里木油田位于新疆南部的塔里木盆地。塔里木盆地总面积56万平方千米，周边被天山、昆仑山和阿尔金山所环绕，是我国最大的含油气盆地，先后发现和探明轮南、塔中、哈得等30个大型油气田。

吐哈油田位于新疆吐鲁番、哈密盆地境内，盆地东西长600千米、南北宽130千米。油田所占面积约5.3万平方千米，负责吐鲁番盆地和哈密盆地的油气勘探①。

玉门油田位于甘肃玉门市境内，北靠戈壁滩、南依祁连山、东邻嘉峪关、西通敦煌，总面积114.37平方千米。

西北油气田大部分属于黄土高原区域，西北黄土高原区是中国重要的能源、重化工基地，生态环境脆弱。经过多年对水土流失的治理，西北黄土高原区生态建设取得长足发展，但问题依然存在。西北黄土高原区仍然是我国水土流失最为严重的区域之一，黄河水力侵蚀强度大，泥沙堆积量大，北部地区水蚀和风蚀交错，水土流失面积23.9万平方千米。

西北水土流失区域特点表现为：

（1）土地荒漠化严重。历史上，我国西北地区土地荒漠化严重，经过治理，近年来荒漠化程度局部有所缓解，但整体仍处于恶化状态。据调查，甘肃荒漠化总面积19.5万平方千米，占全省总面积的45.8%②；青海沙化面积12.36万平方千米，占全省总面积的17.7%以上③；新疆风力侵蚀非常严重，新疆沙漠面积高达44.06万平方千米，占全国沙漠面积

---

① 中国青年报客户端．长庆有了大油田，老区人民添“福气”［EB/OL］．（2022-05-02）．https：//s. cyol. com/articles/2022-05/02/content_ DjMeMGf2. html.

② 我省荒漠化土地面积5年减少近20万公顷［EB/OL］．（2016-06-17）．http：//www. gscn. com. cn/.

③ 青海沙化土地年均减少31.8万亩 重点沙区实现“绿进沙退”［EB/OL］．（2023-06-20）．http：//qh. people. com. cn.

的 64%[①]。西北油气田广泛分布于沙漠和戈壁，土地荒漠化给西北地区造成严重的经济损失。

（2）土壤流失量大。西北地区土壤流失面积广、强度大，流失量之多位居世界前列。在过去，黄河流域平均每年输入黄河的泥沙量达 15.6 亿吨，致使黄河下游河道平均每年淤高 10 厘米。经过一段时间的治理，2015 年的黄土高原水土保持生态考察表明，黄河年均输沙量已减少至 3 亿吨，降幅达 80%[②]，但专家指出，黄土高原土壤侵蚀治理并未达标，水土保持工作任重道远。西北地区风蚀、水蚀、重力侵蚀相互交融，黄河流域生态问题突出，水土流失是头号环境问题。

（3）侵蚀强度大。西北高原地区土层厚度约 50～100 米，但因其主要分布粉砂壤土而土质疏松，地面坡度 20°～30°，沟多沟深，地形陡峭，再加上植被稀少，在雨量集中的时间段极易发生水土流失。该地区不利的自然条件和历史上不合理的经济活动使得面蚀和沟蚀的水土流失现象十分严重。

5.1.5　西南部油气田所处区域水土流失特征

西南油气田位于四川、西昌盆地，涉及重庆、蜀南、川中、川西北、川东北，是我国石油最具成长性的油气田之一。四川盆地天然气总资源量达 40 万亿立方米，约占全国总资源量的 1/3，已探明储量 7.5 万亿立方米，探明率仅 18.7%，勘探尚处于早中期，是我国最具潜力的天然气勘探开发盆地之一，资源条件足以支撑四川建成千亿立方米级天然气（页岩气）生产基地[③]。

西南油气田主要分布的四川盆地是我国西南部地区水土流失比较严重的地域。该区雨量充沛、垦殖率高、森林覆盖率低、地表起伏大、坡耕地面积广阔，容易造成水土流失。西南水土流失区域的特点具体表现为：

---

① 结束历史！新疆不再是全国唯一沙化土地扩张省区［EB/OL］.（2022－12－31）. http：//qh. people. com. cn.

② 中国黄河年均输沙量从 16 亿吨减少到 3 亿吨［EB/OL］.（2015－11－08）. https：//www. chinanews. com/.

③ 中国石化新闻网. 以创新驱动天然气高质量大发展［EB/OL］.（2024－04－29）. http：//www. sinopecnews. com. cn/xnews/content/2024－04/29/content_ 7094278. html.

（1）径流系数大。四川盆地在雨季降水量大且集中，丘陵低山区土层浅薄，结构松散，水稳性差。下层为透水性差的基岩，整个区域通水性和透水性差，径流系数增大，是水土流失的重要成因。

（2）土壤状况不佳。四川盆地广泛分布紫色砂页岩、泥岩，地表呈现紫红色，紫色土占区内土地总面积近三成。紫色土结构松散，有机质含量低，易受温差影响而热胀冷缩，结构很不稳定，抗侵蚀能力弱。因土层较薄，水分渗透能力弱，易干旱，遇暴雨易引发水土流失。

（3）地表起伏大。四川盆地处于丘陵地区，地表起伏很大，丘陵起伏、地面切割、坡耕地面积大极易导致水土流失，紫色土是该区水土流失的主要策源地。

5.2 油气资源开发作用于生态因子的影响表现

油气资源开发通过作用于地质地貌、土壤、水文、植被等生态因子对其水土保持生态服务功能产生影响。水土保持生态服务功能是生态系统的固有属性，因而构成生态系统各种因子的改变均对水土保持生态服务功能产生或强或弱、或直接或间接的影响。油气资源开发过程引发生态系统构成因子的改变，进而使得水土保持生态服务功能发生变化。因此，通过对地质地貌、土壤、水文、植被等生态因子的影响可以降低油气产区水土保持生态服务功能，如图 5－1 所示。

（1）地形变化。油气资源开发活动无论是地上还是地下的，都会导致地表形态的变化。地上活动会直接对地质地貌形态造成改变，导致地表坡度、坡向、坡长、粗糙度和起伏度的变化。地下活动则较为隐蔽，可能需要一定时间才会显现出影响，同时也会引起地表变形，如地面隆起、地表塌陷、地面断裂等。地形变化对水土保持生态服务功能的消极影响主要表现在：

①地表稳定性降低。不合理的生产建设活动可能诱发山体滑坡、地面塌陷、边坡崩塌等灾害。如大量山坡地被勘探开采会使边坡坡度变陡，可能加速坍塌和滑坡。开发造成自然植被乱砍滥伐，水土失去保持功能，抗

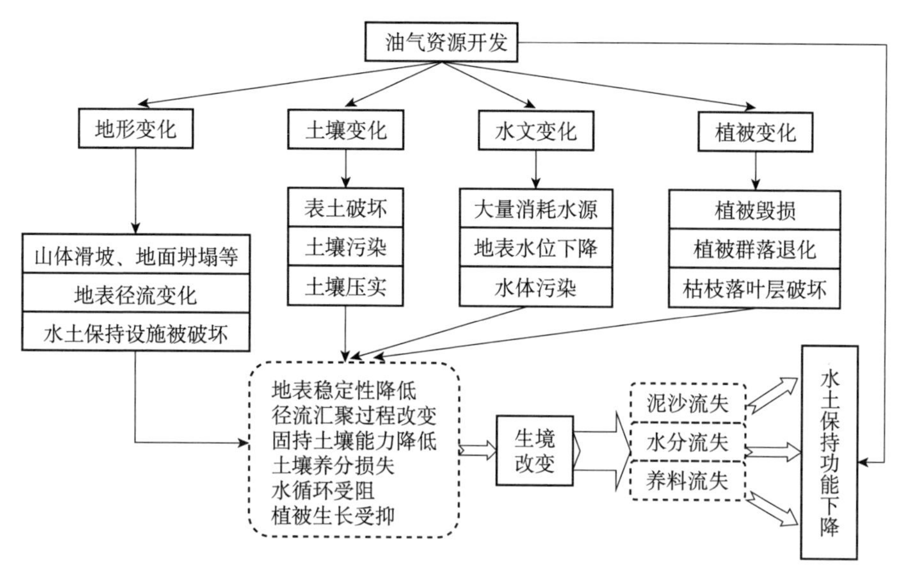

图5-1 油气资源开发作用生态因子影响水土保持生态服务功能示意

侵蚀能力大大降低，一旦遇到大风或降雨，很容易引发泥石流等自然灾害。

②地表径流汇聚过程改变。地形变化使地表径流原有聚散系统的相对平衡被打破，对区域水循环过程产生严重影响。这些影响包括蒸散发与下渗减少、地下水位降低、汇流时间缩短以及洪峰流量增加等。局部地形的改变会使土壤入渗率、产流时间与地表径流路径发生变化，对地表产流和泥沙运移机制产生影响。地表径流是水土流失的重要动力，地表径流的变化对水土保持生态服务功能影响很大。

③水土保持设施被破坏。地形变化较大时会引发地表形态大面积改变，水土保持设施受到严重破坏，区域水土保持生态服务功能受损。如地下油气开采引起的地面塌陷及地表隆起会导致地面上已经建成的各种水土保持设施，如梯田、淤地坝、截排水沟、水窖等直接损毁。当破坏严重时，如地表裂缝，则会扯断植物根系，造成植被的大面积退化和死亡。植被破坏反过来又会进一步加剧水土保持生态服务功能受损，造成生态环境进一步恶化。

④生境改变。所谓生境是指生物生活的空间和其中全部生态因子的总和。生境又称栖息地，指具有一定环境特征的生物生活或居住地。局部地形的改变会使这一区域地表的光照、温度、水分、无机盐类等非生物因子

发生变化，影响微生物、植物乃至动物的生存，生态系统的良性循环和平衡被打破，水土保持生态服务功能会受到严重影响。

（2）土壤变化。土壤是地球陆地表面具有一定肥力且能够生长植物的疏松表层，在地球自然地理系统中被称为土壤圈。土壤是陆生植物生活的基底和基质，土壤不仅为植物提供生存所必需营养物质并积蓄水源，而且也是土壤动物赖以生存的栖息场所。生态系统的水土保持生态服务功能围绕土壤展开，其主要目标是保持和改良土壤，使土壤的物理化学状况、营养和水分状况、微生物状况时刻保持最佳状态，为植物生长提供重要基础，为生态系统物质、能量和信息交换提供必要条件。任何对土壤的直接或间接破坏，都可以说是对生态系统服务功能的破坏。另外，土壤自身特性的改变，也会对土壤含蓄降水、调节径流、抵抗侵蚀、聚积养分的能力产生影响。

①表土破坏。表土位于土壤最上层，是土壤中养分最丰富、微生物最活跃、理化性状最优的土层，对生态系统意义重大。表土的破坏主要有三种形式：一是表土的流失，即表土发生水平位移；二是表土和下层土壤的混合，即表土发生垂直移位；三是表土的退化，即表土肥力的丧失。不管是哪一种形式的破坏，都会对生态系统造成严重后果。表土破坏后，由于养分缺乏和理化性状变差，植物的生长发育会受到严重影响。同时，在表土中栖息的微生物遭到破坏，数量和种类大幅度减少，有机质的矿化过程被阻断，更无法形成腐殖质，土壤的物理性质得不到改善，土壤的蓄水缓冲能力下降。在生态系统中，微生物承担着分解者的任务，是生态系统物质循环必不可少的一环。因此，没有土壤微生物，陆地生态系统的平衡就会被破坏。

②土壤污染。土壤污染是指进入土壤的污染物超过土壤的自净能力或污染物在土壤的积累量超过土壤基准量，给生态系统造成了危害。土壤遭受污染后，污染物成分被植物吸收，并在植物体内积累残留，既影响植物的生长发育，又可能导致遗传变异，还可能通过食物链进入人体，危害人类健康。土壤受到污染后，其污染物质还会因雨水冲刷、淋溶、渗漏而进入地下河地表水体，从而污染水源。污染物还可能破坏土壤生态系统平衡，影响土壤中微生物种群结构，引起有害微生物大量繁殖和传播。

③土壤压实。土壤压实是土壤压密紧实和结构破坏，导致土壤一个或多个功能丧失或下降的过程。土壤压实会带来一系列的不良后果，压实后土壤结构体内部孔隙锐减，紧实度增加，土壤结构遭到破坏，结构的稳定性变弱。压实后的土壤降水入渗率显著降低，表层容易遭受水力侵蚀。土壤压实会影响土壤中养分的有效性，破坏土壤动物和微生物的生存空间，直接改变植物的根系形态，影响植物的生长发育。地表硬化是土壤压实的严重表现，对水土保持生态服务功能影响更大。地表硬化使土壤的作用完全丧失，植物、动物、微生物无法生存和繁衍，给生态系统造成严重危害。同时，地表硬化后，降水无法下渗并被土壤所涵蓄，全部形成地表径流，汇流时间短可能会加剧对土壤的冲刷和侵蚀，产生洪水。

（3）水文变化。水在陆地表面的良性循环是陆地生态系统水土保持生态服务功能的重要表征。水土保持的目标不是单纯地把水蓄起来，而是维护和促进水在生态系统中的高效循环利用。生产建设活动通过改变着自然环境，从而越来越强烈地影响水循环的过程。生产消费活动排出的污染物通过不同的途径进入水循环，超过其自身净化极限，对水土保持生态服务功能产生严重影响。

①水资源大量消耗。注水采油致使水资源过度消耗，挤占了生态用水。中国水资源时空分布不均，大部分地区水资源严重短缺，工农业生产生活对水资源的过度消耗，大量挤占了生态用水，导致土地沙漠化、荒漠化，生态系统遭到严重破坏。而生态系统遭受破坏，可能会导致自身局部甚至完全丧失区域水土保持生态服务功能，反过来还会影响水资源的有效循环利用。

②地下水位下降。地下水是天然植被生长发育的主要水分来源，地下水深埋直接影响着与植被生长关系密切的土壤水分和养分动态，是决定地表植被分布、生长、种群演替的主导因子。当人为因素（如井下采矿）导致地下水位下降时，就会影响地表土壤水的有效持续补充。地下水位下降可能造成大面积的地下漏斗区，引起地面沉降、塌陷和地裂缝，损坏地表的水土保持设施。

③水体污染。油气资源开发原油落地导致地下水遭受不同程度污染。有机物污染导致微生物快速繁殖，使水由于缺氧而分解出恶臭气体，污染

环境，毒害水生生物；无机物污染使水体 pH 值发生变化，减弱水体自然调节功能，消灭或抑制细菌及微生物的生长，阻碍水体的自净作用。水体污染使生态系统变得极不稳定，严重时会破坏生态系统的平衡，导致水土保持生态服务功能下降，从而威胁生活用水。

（4）植被变化。植被在生态系统的水土保持生态服务功能中发挥着重要作用，既能改变气流结构，通过降低风速减少风力对土壤的侵蚀，又能以土壤中强大的根系网络固结土壤，降低流失速度。因此，植被变化对水土保持生态服务功能的影响较大。

①植被毁损。地面上的资源开发活动不可避免地要扰动地表，直接毁坏地貌植被，或者间接导致植被死亡。植被损毁造成植被面积的减少，包括被覆盖度和郁闭度的下降，使地表大量裸露在外，土壤失去植被枯枝落叶层、冠层和根系的固持保护，从而产生严重的风力侵蚀、水力侵蚀乃至重力侵蚀。在一定的空间范围内，不仅植被覆盖度的减少会削弱区域生态系统的水土保持生态服务功能，而且郁闭度的下降也会对水土保持生态服务功能产生不利影响。

②植物群落退化。天然林经过大自然上百年、上千年的优胜劣汰、物种选择和群落演替，系统结构十分复杂，生物多样性丰富，其生态系统的稳定性和水土保持生态服务功能与人工林不可同日而语。生产建设活动在结束后虽然会对部分临时占地重建人工植被，但由于重建品种单一、树龄较短、林层较少，短期内很难恢复原地貌植被的水土保持生态服务功能。天然植被被人工植被所取代后，品种多样性受到破坏，动植物种群减少，生态系统变得极不稳定。

③枯枝落叶层破坏。大量研究表明，枯枝落叶层的水土保持生态服务功能显著。枯枝落叶层能削减降雨的功能，甚至可将透过乔木层、灌木草木层的降雨动能全部削减。枯枝落叶层可以增加土壤入渗，不仅表现为使径流在坡面上滞留时间延长，增加下渗时间，更为重要的是枯枝落叶层能保护和改良土壤结构，增加土壤的稳渗率。当地表枯枝落叶层被破坏后，即使迅速恢复了人工植被，其水土保持生态服务功能也难以在短期内得到恢复。

5.3 油气资源开发各阶段对水土保持生态服务功能的影响

5.3.1 油气资源开发各阶段工作内容

油气生产建设项目一般可划分为开发建设期和开采期两个阶段，开发建设期间主要进行地质勘探、油气钻井和地面场站建设以及输油气管道建设，开采期间主要是将油气采出并通过管道输送出去。油气资源开发包括勘探、钻井、测井、试油（气）、压裂酸化、采油和油气集输等过程。油气生产建设活动对水土流失的影响主要表现在建设期占压土地、损坏水土保护设施和地貌植被，但油气资源开发的不同阶段影响程度差别很大。

（1）勘探开发建设期的工作内容。

①勘探活动。油气勘探是在某区域内利用各种勘探手段进行大面积采集工作，主要利用放炮产生的地震波来描述地下油藏，了解地下地质状况，综合评价含油气远景，找到储油气的圈闭并探明油气聚集的有利地区，分析油气层情况和可能产出能力的过程。作业过程中会产生一定的工业废弃物。勘探开工前，要运进运出一定数量的生产、生活物资和设备器材；开工后，在工作线上进行放炮与测试，需工程车及人工搬运完成，对地表植被有所破坏；在钻孔过程中有废泥浆、废水和岩屑需排放，待作业结束后需进行掩埋，恢复地表原貌。

②油田地面工程建设。油田地面工程建设是为了实现产能而进行的土建、储运、钻井、井场、采油（注水）站、油（气）水集输处理站、采（气）水管网、电力设备等投建和安装的一系列活动的总称。在勘探工作结束后，经论证评价后开始进入油田地面工程建设阶段：修筑油田道路，建设供电、通信系统，打一定数量的探井、评价井，进行区域评价后再建设有规模的开发井，建设计量站、联合站、油（气）水集输处理站、临时施工区及生产生活区等。

③油气管道建设。油气管道建设是为了长距离输送油气而进行的管道

铺设活动。输气（油）等管道工程建设项目组成简单，主要管道工程多采用沟埋铺设方式，因线路较长，经过的地貌类型多，需要穿山越岭、跨河过沟，并与公路及铁路形成交叉穿越，此类工程施工条件相对复杂。管道类工程建设占地面积相对较小，主要占地为建设期临时施工场地及站场、阀室的永久占地，水土流失主要发生在管道建设期。

（2）生产（开采）运营期的工作内容。

①油气开采。油气开采是采取多种技术手段通过油气井将地下储藏的油气抽出或移送地面的过程。开采期间油气的采出及集输都是通过建设期已建成投用的各类油气水井及不同口径管道以及处理站场等运行。

②油气管道运营。管道工程运行（油气集输）过程是通过不同口径的地下管道对原油天然气进行密闭式输送，运行过程比较稳定。

5.3.2 各阶段对水土保持生态服务功能的影响

油气资源开发是一项综合性的系统工程，开发和生产工艺环节具有触点多、面积广、周期长和易发生事故等特点。考虑到对水土保持生态服务功能的影响对象、表现特点和损害程度不同，可将油气资源开发过程划分为开发建设期和开采期，不同期间对水土保持生态服务功能的影响形式和程度不同。

5.3.2.1 开发建设期对水土保持生态服务功能的影响

建设期间对水土环境的影响主要体现为勘探活动、地面工程建设和油气管道建设。油气生产建设项目的建设期间，包括后续加密井及后续集输工程建设期间，对地表水土保持设施、地貌植被造成损坏，对水土保持生态服务功能的影响在一定程度上难以恢复。

（1）勘探活动对水土保持生态服务功能构成一定威胁。油气勘探进行的地质调查、地球物理勘探、钻探活动是油气开采第一个关键环节，其目的是识别和探明地质情况和油气储量。相比其他阶段，勘探过程对水土环境的影响较小，但也不排除产生一定地表扰动和水体污染问题。勘探过程多采用地震勘探技术，利用地下介质弹性和密度差异，通过地震波观测、评估地下岩层的性质和形态，从而推断油气聚集位置，预测原油产出能力。地震勘探具有施工范围广、流动性大、燃油消耗量多的特点。2013年，中国石油勘探作业中三维地震涉及范围12 477平方千米，施工区域多分布在森林覆盖率高的山区、草原及沙漠戈壁等，作业过程将对这些地区的自然生态环境造成一定影响。勘探过程钻探产生的泥浆和岩石碎屑、爆炸过程排放的含氮气体及钻井作业过程中的油料泄漏会对周边地表水和地下水质产生污染。

（2）油田地面工程建设对水土保持生态服务功能造成较大危害。油气田地面工程建设主要包括：修筑油田道路，建设供电、通信系统；布局评价井、开发井、加密井等油气井场，建设计量站、联合站，铺设地下输油、输气、注水管网，投建油罐、注水罐以及生活设施等。这个阶段对水土流失的影响主要表现在占压一定面积土地并对占压范围内的土壤和植被产生较大影响。其危害性主要表现在：

①长期占压大量土地。地面工程建设需要在地面布设大量配套工程，长期占用大量土地，长期占压地表直到油田废止。油田地面工程建设施工工程量大，对土地的损坏程度大，很容易诱发土壤侵蚀的产生，使土壤侵蚀强度增加。油田地面工程建设占压土地主要分为井场、站（所）、道路及油气集输管道用地三种形式，用地比例一般为0.34、0.04、0.62。在修建各类油田设施、井（站）场及道路时，需要征占用大量的土地，包括临时用地和永久用地，其用地比重约为0.7∶0.3，临时用地和永久性用地都会改变土壤原有的性质和结构。

②破坏土壤结构，加速水土流失。具体表现为：

a. 土壤状况遭到破坏，加速水力侵蚀和风力侵蚀。井场、道路、站所、油气管道等工程施工建设扰乱和破坏了原来的土壤剖面结构，土壤良好的孔隙状况受到破坏，从而改变了土壤的紧实度和渗透性能，扰动原来相对稳定的地表，土壤覆盖物遭到破坏，松动土体岩性物质裸露地表，土壤良好的孔隙状况受到破坏，土壤的紧实度和渗透性能发生改变，土壤抗蚀、抗冲性降低，加速了土壤的水力侵蚀和风力侵蚀。

b. 损坏原有的水土保持设施，加剧水土流失。油气地面工程建设过程损坏原有的水土保持设施，如果防治措施不当，加剧水土流失。在山区、丘陵区和风沙区等平整井场、开挖道路、敷设集输管道移动土体，若防护措施不力，疏松的土方随坡而下，遇暴雨冲刷，易造成水土流失。当其坡度临近其休止角时，可诱发崩塌、滑坡等重力侵蚀，并加速雨滴击溅侵蚀、面蚀和细沟状侵蚀，造成水土流失。同时，风力侵蚀造成土壤剥蚀和搬运以及扬尘等天气现象，甚至出现局地沙尘暴现象，使区域环境质量明显下降。

c. 施工产生废水、弃土、弃渣，造成水体污染。施工产生的废水汇入地表径流，渗入土壤，造成土壤污染；弃土、弃渣虽已就地回填，但仍为松散堆积物，大幅度降低原水土保持生态服务功能，极易造成水土流失。

③降低植被和土壤生产力。油气资源开发至之前难以进入的地区，扩大了人类活动的范围，扰动新开发地区原始自然环境，对部分生态环境脆弱地区植被造成破坏。地面建设施工过程要铲除植被、开挖地表、翻动土壤，而地表剥离造成了该区域植被的毁坏。被扰乱的地表土壤层有机质和黏粒的含量减少，导致土壤肥力降低，水旱灾害频繁发生，影响植物生长。井场、站（所）对植被是点状影响，道路、集输管道是线状影响，线状影响远大于点状，施工装载、搬运过程产生的扬尘沉降在植被或土壤表面，在一定程度上堵塞叶面气孔，改变了土壤的理化性质，降低了植被和土壤的生产能力。此外，施工人员踩踏、运输工具碾压、机械设备停放和翻土堆放等引起一定区域内的土壤板结，降低了土壤的生产能力，从而影响水土保持生态服务功能。临时用地植被可采取人工和自然恢复，永久性用地则完全被人工生态系统所代替，虽然经人工植树种草使得植被覆盖率上升，但可能造成遗传均化，从而导致生态系统功能减弱。

（3）输油管道建设对水土保持生态服务功能造成一定损坏。与普通的工程建设不同，油气长输管道工程建设项目具有经由区域多、类型变化大、时空差异大等特点，对施工沿线生态资源、水文环境、地质资源环境均造成一定的破坏性影响。具体表现为：

①占用一定面积的土地。油气长输管道工程占用部分土地，主要为建设期临时施工场地及站场、阀室的永久占地。在油气长输管道建设过程中，施工区、临时布设的便道对土地造成不同程度的压占和挖损破坏，压占土地类型以牧草地、耕地为主，多为临时占地。但所涉区域的生态服务功能在管道运营过程中难以恢复，因而对土地资源产生一定的占用、损坏和污染。

②扰动土壤。施工期开挖、碾压、践踏、林地的砍伐、草地和农田的铲除、野生动物受惊吓等为暂时性影响。输油管道施工采用沟埋式，开挖部分的土壤团粒结构和表土层受到直接破坏。管沟下挖、挖土堆放、弃土的混合，扰动改变上下层土壤的层次和质地，土体结构的破坏将改变土壤中物质和能量的相互作用规律，影响土层涵养水源和保持水土的能力，减弱表层土保水保肥性，进而影响作物的产量和生长发育。土壤扰动还会加速管道附近土壤的退化过程，使其防风固沙能力下降，加剧土地侵蚀。土方回填时，由于机器碾压导致土壤固结，改变土壤紧密度，降低水土保持生态服务功能。若是在地表组成松散地区，地表结构受到扰动以及地表植被遭到损坏，土壤侵蚀、土地荒漠化会更加严重，这种对土壤质量和土地生产力产生的损坏属于长久性影响。

另外，管道建设中浆砌石护坡、护岸等水利人工防护工程是经常出现的，从管线安全角度来讲，这些水土保持措施是必要的，但是大面积的地面硬化会减小土壤对降水的渗透，降低土壤蓄水能力，从而加速地面径流的形成。同时，防护工程与自然坡面的结合处为形成土壤侵蚀的薄弱部位，流水因受到构筑物的阻挡而飞溅、下旋，由此造成的跌水现象造成严重的水土流失现象，同时加速对岸坡的冲蚀，容易导致崩塌和滑坡，造成局部水土流失现象，从而对土地资源起到破坏作用。

③植被覆盖率下降影响水土保持生态服务功能。在输油管道施工中，施工作业区的植被包括地上部分和地下根系或被直接毁坏或间接导致死亡；管沟外的植被由于挖土堆放、施工车辆和器具碾压、人员踩踏等原因导致地面以上部分难以存活，只留下根系。植被损毁造成植被面积的减少，使得地表大量裸露，土壤失去冠层、枯枝落叶和根系的保护，产生严重的风力侵蚀、水利侵蚀乃至重力侵蚀。建设活动在结束后虽然会对部分临时占地进行植被恢复，但由于林龄较短、林层较少、恢复植被品种单一，短期内很难达到原地貌植被的水土保持生态服务功能。在黑钙土、黑钙土型风沙土和沼泽土地区建立长输管线，植被恢复较快，一般 5 ~ 6 年即可；而盐碱土和苏达盐碱化草甸土则需要漫长的恢复过程，一般需要 15 ~ 20 年。人工植被取代天然植被后，植物多样性受到破坏，种群减少，生态系统极不稳定，水土保持生态服务功能严重下降。

④损坏水土保持设施受损区域水土保持生态服务功能。西部原油成品油管道工程甘肃段管道铺设过程中损坏水土保持设施面积约为6 577.9公顷[①]，榆林—濮阳—济南输气管道工程损坏水土保持设施面积373 565公顷[②]。管道铺设施工会引发地表形态大面积改变，导致地面已经形成的各种水土保持设施，如梯田、淤地坝、截排水沟、淤地坝、拦沙坝受到严重破坏，水土保持生态服务功能因此受损。

⑤造成水资源的损失。油气长输管道施工过程中对水资源的影响主要表现在：施工过程中植被、土壤的损坏造成地表水流失增加，减少了土壤蓄水保土的能力，从而造成水资源的损失。油气长输管道管线长，施工中不可避免地要穿越河流、沟渠、水塘等地表水体，如果穿越方式不科学、施工环境管理不到位，将对地表水环境造成一定的影响。

5.3.2.2 开采期间对水土保持生态服务功能的影响

开采期间对水土保持生态服务功能的影响持续时间长，油气田地面工程长期占压土地，油气管道运营对生态服务功能造成一定程度的破坏，落地原油、注水采油、水力压裂对水土保持生态服务功能的影响更为隐蔽和难以测定。

（1）油气田地面工程长期占压土地。油气田地面工程建设完毕后，管道、站场、处理厂、油井等设施基本固化并投入运行，对地表扰动和植被破坏程度减轻，但因长期占用土地而不能忽视其对水土保持生态服务功能的影响。油气开采期间油井、油水井、天然气开发井长期占压土地，属于永久占地，单井（站）占地面积一般为500～2 000平方米。如陕西长庆油田处于丘陵沟壑区，地形高低起伏较大，单井（站）占地面积大，定边县油田作业范围为单井占地面积3 600～8 000平方米、单个集油站平均占地5 360平方米。此外，油田井排道路、计量站、联合站，地下输油、输气、注水管网，投建油罐、注水罐以及生活设施等井场、站（所）用地在地面工程建设结束后依然长期占用大量土地直到油田废止。大庆油田因长期占

---

① 何静，朱琦，高照良. 西部原油成品油管道工程甘肃段水土流失防治探[J]. 首都师范大学学报（自然科学版），2013（8）.

② 吕金平，孙东晓. 浅谈长输管道工程水土流失的危害及水土保持[J]. 山西建筑，2010（1）.

地导致大庆市沙化、盐碱化、草质退化的“三化”草场占草场总面积78.1%。永久性用地的占压使原有植被地貌和水土保持设施无法恢复，导致地表水土保持生态服务功能严重受损，工程建设自油田产能建设开始到油井报废，短则20~30年，长则上百年甚至更长。临时性用地在使用结束后通过人工措施能够部分恢复土壤植被的自然力，破坏力相对较轻，但在油气生产阶段占压一定面积土地会对占压范围内的土壤和植被产生较大影响。

（2）输油管道运行对水土保持生态服务功能造成一定损坏。管道运行期间，管道所占用土地辐射范围内引起周围地表温度和水分异常，对野生动物的生息繁衍和植物的多样化造成影响，属于长久性影响。油气输送是密闭式地下管道输送，一般不会对地下水土造成污染，但当输油管道泄漏时，若不及时处理，会造成土壤污染和地下水层污染。当原油泄漏时，在管道压力的作用下，原油喷发而出，加上自然风力作用，原油喷溅在周围植物体表上，直接造成植物污染，情况严重的甚至造成植物枯竭、死亡。输油压力越大，喷溅范围越广，植物和地下水体受的污染越严重。

（3）油气生产过程对水土流失有一定影响。开采期间包括原油开采和集输，此阶段对水土保持生态服务功能的影响更为隐蔽和难以测定，其破坏程度与油气产量有一定关联。

①落地原油降低水土保持生态服务功能。落地原油是油气资源开采过程中因试油、修井、洗井、油井喷溢、管线泄漏未进入集输管道而散落在地面的原油。落地原油的影响问题一直存在，2007年，顾廷富在对大庆油田落地原油对土壤污染的调查中得出数据，油井周围0~40米范围内污染最重，占总量90%，落地原油单口油井污染面积达7.1公顷①。近几年油气企业重视生产过程中对含油污泥的及时回收和石油污染土壤生态修复技术的运用，污染情况得以缓解，但问题仍然存在。2013年7月，哈尔滨师范大学环境效应实验室王悦明等对大庆市大同区八井子乡油井周围污染情况进行采样分析，结果显示八井子乡油井污染主要集中在油井附近0~20

---

① 顾廷富，梁健，肖红，等. 大庆油田落地原油对土壤污染的研究［J］. 环境科学与管理，2007（9）.

米范围内，超出《土壤环境质量标准 GB15618》中对于石油类总烃含量第二级标准限值（500 毫克/千克）的规定，属于轻度污染①。其土壤特征为土壤颜色加深并带有明显油斑，有些地方能够观测到落地原油，土壤有干燥板结现象。

一方面，落地原油污染土壤。落地原油为数百种物质组成的混合物，其中，环境优先控制污染物和美国协议法令规定的污染物达 30 多种。虽然现代钻井工艺技术实现了流出原油直接排入计量罐或排污坑，由于双层防渗使其不接触土壤，但受各种原因影响，落地原油仍是土壤污染的重要因素。土壤遭受污染后，污染物被植被吸收，并在植物体内积累、残留，甚至导致植物的死亡。土壤被污染后，因雨水冲刷、淋溶、渗漏进入地下和地表水体，从而污染水源。土壤中的污染物还可能破坏土壤生态平衡，影响土壤中的生物种群结构，使其保护生物多样性的功能降低。石油类污染物如果过量过快地进入土壤，超过其自净承受能力，将最终导致土壤资源的枯竭。

另一方面，落地原油增加土壤侵蚀动力。由于石油黏度较高，进入土壤后会引起土壤物理化特性的变化，聚合土壤颗粒呈较为致密的团状结构体，堵塞土壤孔隙，降低土壤透水性以及含水率，同时也降低了水土保持涵养水源的功能。土壤入渗和持水能力的降低导致地表径流量增加，而降雨形成的地表径流汇流时间缩短容易产生水土流失。地表径流是水土流失的重要动力，其变化对水土保持生态服务功能的影响不容忽视。

②注水采油破坏水土保持生态服务功能。油田，特别是低渗透油田采出 1 吨原油大约要注水 2 ~5 吨，在开采中后期注水量还要增加，则导致油区水资源供给不足，地下水位下降，水域面积变小，其对水土保持生态服务功能的影响程度在局部地区表现突出。注水采油方式导致中国北部主要油气产区存在不同程度的地下水位下降。2012 年，大庆油田有注水井 29 700 口，每年高强度注水 4 000 万 ~5 000 万吨，形成区域性大面积地下水下漏斗②。中原油田濮阳市 2012 年检测漏斗中心最大水位埋深 28.3 米，

---

① 王悦明，王继富．大庆市大同区八井子乡石油污染现状及治理对策［J］．环境保护科学，2014（8）．

② 刘洋，王甲山，刘纬伟．石油资源开发的水土保持补偿对策研究［J］．华北电力大学学报，2021（2）．

相比2008年漏斗中心向西扩展500米左右[①]。长庆油田庆阳市地下水可采量为2 100万立方米，而实际取水量已超过可采量，达到2 822万立方米[②]。地下水位下降会对地表植被构成严重威胁，地下水埋深直接影响着与植被生长关系密切的土壤水分与养分，土壤水分大量流失会严重影响地面植被与树木的正常生长。依赖地下水补给的河流也因反补地下水而加速断流。地下水的过度开采容易引起地面沉降、塌陷和地裂缝，损坏地表的水土保持设施。

③水力压裂损害水土保持生态服务功能。水力压裂法是油气开采的一项比较先进、成熟的增产技术，是开采天然气，尤其是页岩气的主要形式，通过将大量掺入化学物质的压力液高压注入地下井，使岩石构造进行液压碎裂以释放天然气。大庆油田每年油水井压裂近5 000井次，压裂液用量150万立方米。其中，外围低渗透储层压裂改造中98%以上应用的是植物胶压裂液，如果压后不及时返排，将对储层造成极大的破坏。随着勘探开发的深入，外围采用水平井开发，缝网及体积压裂施工规模越来越大，返排液量越来越多，单井最大液量超过25 000立方米/井，不但增大了废液处理难度，且容易对环境造成污染[③]。具体损害表现为：

a. 压裂废液易对水体造成危害。单井每次压裂耗用1万方左右压裂液，压裂废液中的石油类污染物、固体悬浮物、重金属和化学助剂等包含已知的人类致癌物如甲醛、萘、二甲苯、甲苯、乙基代苯等，水力压裂可能造成压裂液中的化学物质融入地下水中。操作结束后会有15%～30%的压裂液回流地表，不管是注回地下、处理后排放到地表水系还是循环再利用，这些返排水的处理难度较大，不当处理可能会对地表水造成污染。

b. 可能伴生地震。水力压裂诱发地震的可能性和机理还处于研究探索阶段。该项开采技术因大量向地下注入高压水等液体冲击页岩层，使岩层爆裂，可能通过打开地下深部的腔隙和裂缝而引发地震。美国地质

---

① 赵修军，赵东力．水采油对中原油田生态环境的影响分析［J］．中国环境管理干部学院学报，2017（12）．

② 何鸿政，杜志勇．甘肃省庆阳市地下水分布特征及管理保护对策［J］．地下水，2013（3）．

③ 刘洋，王甲山，刘纬伟．石油资源开发的水土保持补偿对策研究［J］．华北电力大学学报，2021（2）．

调查局科学家们通过分析导致地震频率变化的可能性原因得出了地震频发地点正是注水井废水排放大量增加的地区这一结论，并解释了人为向岩层注水可能导致断层发生“跳跃”，断层压力过大造成板块滑动而引发地震。

c. 地表占用。大庆油田针对部分单井 1 ~ 3 年进行一次大规模水力压裂，占用面积在 8 000 ~ 9 000 平方米①。通过车组运输压裂设备、铺设压裂管线和建设蓄水池等进行压裂准备，压裂期间占用地表。车辆来回碾压土地，不仅改变了土壤的紧实度和渗透性能，而且破坏了地表植被和农田。夏秋季时可能导致该地当年庄稼绝收，而冬季的相对破坏力会小一些。

5.3.3 勘探建设期和生产运营期对水土保持生态服务功能影响的比较

油气资源开发不同阶段对水土保持生态服务功能的影响因子和损害程度有一定差别，主要表现为：

（1）影响的生态因子有区别。开发建设期间以直接占压地表、扰动土地、毁坏植物和破坏水土保持设施为主，对地形和土壤因子有一定负面影响，且扰动性和破坏程度较为明显。开采期则以污染土壤、水体、挤占生态用水为主，对土壤、水体、植被、地形地貌等因子都有一定直接或潜在影响。生态因子固有属性被破坏会直接影响水土保持生态服务功能的发挥。

（2）显现时间不同。开发建设期间对地表水土保持设施损坏等方面的影响是立竿见影的，影响范围仅限勘探、开发、建设区域范围的局部，但破坏力较大，其对水土保持生态服务功能的影响给予一次性补偿比较适合。开采期间的影响则需要一个缓慢积累的时间过程，地面上的油气生产井、计量间、联合站、井排道路等生产运营设施持续占用土地、落地原油污染、油气管道泄漏污染等方面的影响清晰可见，但油气资源开发过程的

---

① 刘洋，王甲山，刘纬伟. 石油资源开发的水土保持补偿对策研究［J］. 华北电力大学学报，2021（2）.

水力压裂、注水采油等部分工艺对水体的污染和地层稳定性的破坏则存在时间上的滞后性，直到油气资源开发中后期，甚至开发结束后若干年才会显现，具有很强的滞后性和隐蔽性。当影响期超过油田服务年限时，相应的补偿则应考虑到生产建设期，其影响范围可能会积累、扩大成为区域性的生态环境问题。

（3）补偿标准有差异。开发建设期间的影响主要与直接扰动地表植被面积有关，开采期间的影响则与产量密切相关。目前我国针对油气资源开发建设期水土保持补偿费的征收标准是按照征占用土地面积一次性计征，由于建设期间的影响主要与勘探范围、地面工程建设及油气管道铺设施工所占面积有关，因此，影响程度基于占地面积评估具有一定的依据性，且建设阶段时间较短，占地程度随着工程进度逐步深入，故一次性计征也较为合理。

开采期间的影响既要考虑油气生产运营设施的永久占地和临时占地面积，又要结合产量进行衡量。油气开采期油气井、水井、场站、输油管道等占地引起的水土保持生态服务功能影响依然存在，特别是油气井所占用土地辐射20～40米内污染最为严重，现行的水土保持补偿费以油气井占地面积征收水土保持补偿费具有一定依据。但开采期间落地原油、注水采油、水力压裂等对水土保持生态服务功能的影响力度大，影响程度与产能规模有直接关系，因此，此期间补偿标准应结合油气产量确定。整体而言，生产阶段的影响难以显现又难以评测，加上不可预见的油田突发事故，对水土保持生态服务功能影响的定量估算难度很大。

5.4　本章小结

油气田在我国东北部、中部、西北部、西南部等地区均有广泛分布，油气田开发所处地区呈现不同的水土流失区域特征。资源开发导致人为扰动自然生态系统因子的固有属性，诱发了水土流失、地表水污染、地下水超采、土壤沙化、草场退化、风蚀和水蚀加剧等自然灾害，对资源产区造成一定的经济损失和环境破坏。油气资源开发是一项综合性的系统工程，开发建设期和开采期间对水土保持生态服务功能的影响形式和程度不同：开发建设期以直接占压地表、扰动土地、毁坏植被和破坏水土保持设施为主，影响程度基于占地面积评估具有一定的依据性；开采期因占地引起的生态环境影响依然存在，但落地原油、注水采油、水力压裂等对水土保持生态服务功能的影响不容小觑，而影响程度与产能规模有直接关系，应该分两阶段区别补偿。

第6章　油气资源开采期水土保持生态补偿标准估算

通过第5章对油气资源开发建设期和开采期水土保持生态服务功能的影响比较，油气资源开发建设期以直接占压地表、扰动土地、毁坏植被和破坏水土保持设施为主，其破坏性较为明显，现行的水土保持补偿费征收标准依据占地面积一次性计征损失比较科学。但是，开采期间对水土保持生态服务功能的影响仅依据油气生产井占地面积计算是不够的，因为影响与产量和占地面积均有一定关系。本章以我国典型油气产区所在省份（黑龙江、吉林、山东、陕西、新疆、四川）为例，评估部分省域单位土地面积水土保持生态服务功能价值，以此为基础数据测算油田永久占地、临时占地、落地原油等折损的生态服务功能价值，从而计算出油气资源开采期间单位油气产量丧失或降低的水土保持生态服务功能价值，为水土保持生态补偿标准的制定提供定量参考。

6.1　生态服务功能价值评估方法

生态服务功能价值的评估涉及面广、影响因素多，通过直接或间接替代方式估算生态价值，可以一定程度克服直接数据获取难度的限制。生态服务功能价值的评估方法包括直接市场法、替代市场法和模拟市场法三大类。

6.1.1　直接市场法

直接市场法是指由生产建设项目所引起的，可以观察和量度的生态环境质量变化，通过运用市场价格进行测算的一类方法，包括费用支出法、市场价值法等六种方法。

（1）费用支出法。它是从消费者角度，以人们对某种生态服务功能的支出费用来衡量其经济价值。例如，可用于人们对某种自然景观文化旅游服务功能的估算，以旅游者的交通费、食宿费、景观门票、旅游时间价值、消费者剩余价值等费用估算该景观旅游功能经济价值。宋立全等（2012）运用费用支出法评价大庆龙凤湿地的文化旅游价值为11.64亿元。费用支出法也常以预防性支出作为计量环境危害的最小成本，如在水体污染的情况下，人们不得不以消费市场上的矿泉水作为饮用水，矿泉水的费用支出就可以作为水资源污染的环境评估价值。

（2）市场价值法。它是把环境看成是生态要素，利用因生态环境变化导致的某区域产值或生产率变化，进而用产品的市场价格来估算环境变化折损的经济价值。与费用支出法相比，可适用于没有消费支出但有市场价格的生态价值估算，但对数据的充分性和全面性要求较高。例如，大气污染中的SO_2在浓度超过对农作物影响阈值时，引起农作物减产。设某农作物亩产为C，因污染使作物减产比例为∂，农田污染面积为A，该农作物市场价格为P，则大气中的SO_2超标引起的农作物减产损失为$L = C \times \partial \times A \times P$。

（3）影子工程法。它是利用人工来建造一个替代工程，以建造新工程的费用来估计环境破坏或污染可能造成的经济损失。在生态功能经济价值难以直接估算时，运用影子工程法可以将不可量化的问题进行替代后进行量化分析。例如，衡量某水源被污染情况，可以用修建水库替代原有的自然水源，以满足人们的用水需要，故以修建水库的工程投资估算水源污染导致的经济损失。

（4）机会成本法。它是在无市场价格参考的情况下，用所牺牲环境资源的机会成本来估算资源使用成本，以此衡量生态环境变化产生的价值。张鹏等（2019）运用机会成本法分析保定市定兴县的生态系统服务价值，建议生态补偿范围为6.73亿~8.13亿元。

（5）人力资本法。它是用环境污染对人体健康的损害和劳动能力下降来衡量环境生态服务功能的方法。环境恶化可能使人致病、致残或早逝等，引起社会生产力下降，影响社会收入，即用收入的损失去估价环境污染的社会成本。

（6）防护费用法。它是以人们为减少环境恶化带来的有害影响，将自愿承担的防护费用作为生态环境服务功能的潜在价值。例如，以为了消除噪声污染而安装隔音设备的价值评估噪声污染、以为了安全用水而购买安装净水设备的价值来评估水污染等。

6.1.2　替代市场法

通过寻找那些能够观察和度量的，能间接反映人们对环境价值变动评价的商品和劳务，用货币测算的市场价值用以衡量环境功能。替代市场法能够利用直接市场法无法利用的信息，这些信息本身是可靠的，衡量时所涉及的因果关系也是客观存在的。由于这种间接替代的方法涉及的信息往往是多种因素综合作用产生的后果，环境因素只是其中之一，从数据中排除其他因素的干扰十分困难，所以结果的可信度可能较低。

6.1.3　模拟市场法

对于没有市场交换价格的生态资本，只能通过构造虚拟市场来衡量生态资本所具有的功能价值，通过直接询问人们对生态资本的支付意愿或受偿价值来衡量生态资本的服务价值，也叫条件价值法、调查评价法、支付意愿法。亢志华等（2018）运用条件价值法，以农业面源污染较严重的环太湖地区为例，测算环太湖地区农业生态补偿标准。采用问卷调查的方式了解环太湖地区农户对周边生态环境的认知状况及生态补偿意愿，通过意愿调查数据测算生态补偿额度。

上述方法都有各自不同的优缺点和适用范围，因此，在方法的选择上应根据评价对象的实际情况综合确定。

6.2　水土保持生态补偿标准估算依据

《中华人民共和国水土保持法》规定我国生产建设项目应针对其损坏水土保持设施和地貌植被，致使水土保持生态服务功能丧失或者降低且不能恢复原有水土保持生态服务功能的，缴纳水土保持补偿费。所以，水土保持补偿费征收标准的制定应参考水土保持生态服务功能价值的测算。油气资源开发水土保持补偿标准的研究是在界定水土保持补偿含义的基础上，通过运用生态价值评估方法，对资源开发损害的水土保持生态服务功能价值进行科学的货币化估算，以此作为制定水土保持补偿费标准的参考，推进生态补偿制度理论研究的完善和实践工作的开展。

国内已有学者对生态服务功能的估算展开研究，其成果主要围绕对典型生态系统森林、草地、农田功能价值的估算，北京林业大学余新晓及其团队（2005）对全国森林生态系统服务功能进行系统的评估研究，中国科学院欧阳志云（2000）多年跟踪典型生态类型区域并测算生态系统服务经济价值，中国科学院地理科学与资源研究所谢高地（2005）评估我国农田生态系统服务功能。部分学者开展对区域的评估研究，但仅针对某流域、某水库，某县域的研究成果很难应用于全国的评估，且结果相差很大。我国部分学者尝试开展省域内水土保持生态服务功能的测算，吴岚（2008）从水土保持工程措施、林草措施、农业措施和生态环境保护措施四方面计算2003年全国各省份新增水土保持措施的水土保持生态服务功能价值，得到全国范围的价值总量为1 139.84亿元。霍学喜（2009）运用回归分析模型评估2004年陕西土地边际水土保持生态服务功能价值为51.4万元/公顷。王振宇（2012）运用生态价值法评估2008年辽宁单位面积水土保持生态服务功能价值为2.82万元/公顷。何静（2012）运用水土流失评估方法测算新疆水土保持生态服务价值为1 230亿元，折合单位土地面积为0.074万元/公顷。聂国卿（2019）按照不同的生态服务功能评估2017年湖南省单位土地面积生态系统提供的服务价值为11.47万元/公顷。申草等（2023）以宁夏为研究对象，运用InVEST模型评估水源涵养、土壤保持和碳储存的主要水土保持服务功能，并进行价值化表达。研究表明，2000年、2010年、2020年宁夏水土保持价值分别为2 478.9亿元、2 661.7亿元、2 958.5亿元，总体呈现不断增长趋势。孙张涛等（2023）运用生态系统服务价值评价方法，基于第三次全国国土调查数据对中国省域生态环境进行评价，得到2019年度中国大陆生态系统服务价值为35.79万亿元。

学者们关于部分省域水土保持生态服务功能的估算结果因为数值相差很大，难以成为全国性补偿标准制定的参考。油气资源开发水土保持生态补偿标准的研究是在界定水土保持补偿含义的基础上，通过运用生态价值评估方法对资源开发损害的水土保持生态服务功能价值进行科学的货币化估算，以此作为水土保持补偿费制定标准的参考，从而推进生态补偿制度理论研究的完善和实践工作的开展。

6.3　油气田富集省域水土保持生态服务功能价值估算

油气资源开发水土保持生态补偿标准应参考所损失的该区域水土保持生态服务功能价值量进行衡量。因不同省域土地构成差异很大，作为评估基础数据的各省域单位土地面积水土保持生态服务功能价值量不尽相同，需要分别估算。按照水土保持的各种生态服务功能分别估算各种功能所产生的生态价值，汇总得到区域水土保持生态服务功能总的价值量。

6.3.1　水土保持生态服务功能价值评价指标体系

在研究区域生态服务功能价值评价时，更多采用的是由点及面，对于个体项目的生态服务功能价值逐项分析后计算加总，最终得出生态服务功能价值估算的总和。根据第2章水土保持生态服务功能的分类，采取频度分析法从国内外众多研究文献、博硕士论文及国内各生态观测站资料中对各种指标进行统计分析，选择那些使用频度较高的指标。考虑数据获取难易情况及其重要情况，构建水土保持生态服务功能评价指标体系。根据水土保持生态服务功能的组成内容，本着系统性、独立性、稳定性、科学性、可操作性、可接受性的原则，为各项功能建立可测算的评价指标，如表6-1所示。

表6-1　水土保持生态服务功能评价指标体系

水土保持生态服务功能	评价指标	评估方法
保持土壤	固持土壤价值	机会成本法
保持土壤	保持土壤肥力价值	市场价值法
保持和涵养水源	防洪拦蓄价值	影子工程法

续表

水土保持生态服务功能	评价指标	评估方法
保持和涵养水源	涵养水源价值	市场价值法
固碳制氧	固定碳物质价值	替代市场法
固碳制氧	固定氧物质价值	替代市场法
净化空气	净化二氧化硫效益价值	机会成本法
净化空气	阻滞粉尘价值	直接估算法
维持生物多样性	生物多样性保护效益	替代市场法
提供经济价值	农田作物创造价值	市场价值法

我国有耕地、草地、林地、城市、荒漠、湿地和海洋七大类生态系统，林地、草地和耕地是陆地上发挥水土保持生态服务功能作用最主要的生态系统。2022 年，我国林地面积 283. 5 万平方千米，牧草地 264. 3 万平方千米，耕地面积 127. 6 万平方千米，占全国土地面积的 84. 3%[①]。林地和草地是中国陆地生态系统的主体，具有保持土壤、保持和涵养水源、固碳制氧、净化空气、维持生物多样性等方面的生态服务功能，以上功能的评估以林地和草地面积为依据。耕地生态系统与林地、草地生态系统最大的区别在于林草地生态系统多是大自然先天赋予的，而耕地生态系统依赖于人的开发，一旦人的作用消失，耕地就会退化。耕地生态系统的水土保持生态服务功能主要是作物供给服务功能，评估则以耕地面积为依据。湿地同样具有以上生态服务功能，但国家有关土地利用的分类规定里面没有湿地这一项，因为它跟很多土地利用类型会重合，比如水域、草地等，故评估时不予以单独考虑。根据公开的土地统计数据，本次评估依据 2021 年各省域林地面积、草地面积和耕地面积进行。

6. 3. 2　水土保持生态服务功能价值估算方法

借鉴上述生态系统服务功能评估方法，根据建立的评价指标体系，采用市场价值法、机会成本法、影子价格法等确定水土保持生态服务功能价

① 国家统计局．中国统计年鉴（2023）［EB/OL］．（2023 - 03 - 20）．https：//www. stats. gov. cn/sj/ndsj/2023/indexch. htm.

值评估的具体方法。

6.3.2.1　保持土壤价值估算

保持土壤价值的评估包括固持土壤价值、保持土壤肥力价值两者之和。

（1）固持土壤价值。用于保持水土的林草等植被可以拦蓄降雨，减弱雨水对土壤的侵蚀，防止径流产生。采用机会成本法以林地、草地固持土壤量估算通过固持土壤带来的价值，即：

$$E_{固土} = (A_{林} + A_{草}) \times M \times R/(h \times \rho) \tag{6-1}$$

其中，$E_{固土}$为固持土壤价值（万元）；$A_{林}$、$A_{草}$ 为林地和草地面积；M 为土壤侵蚀模数，$t/hm^2/a$；h 为土壤耕作层厚度（厘米）；ρ 为土壤密度（毫克/立方厘米）；R 为单位面积农业产值（元/公顷）。

（2）保持土壤肥力价值。水土流失过程带走大量的氮、磷、钾元素等有机质，运用替代市场法将氮、磷、钾元素分别折算成市面上能够购买的土壤肥料碳酸氢铵、过磷酸钙和氯化钾的量，再分别乘以相应市场价格计算而得，即：

$$E_{保肥} = (A_{林} + A_{草}) \times M \times (NC_1/N_{含} + PC_2/P_{含} + KC_3/K_{含}) \tag{6-2}$$

其中：$E_{保肥}$为林草保肥功能价值（元/年）；C_1 为碳酸氢铵化肥价格（元/吨）；C_2 为过磷酸钙化肥价格（元/吨）；C_3 为氯化钾化肥价格（元/吨）；$N_{含}$ 为碳酸氢铵化肥含氮量，$P_{含}$ 是过磷酸钙化肥含磷量，$K_{含}$ 为氯化钾含钾量；N、P、K 为土壤中氮、磷、钾所占比例。

6.3.2.2　保持和涵养水源价值估算

森林、草地等生态系统通过拦蓄降水、调节径流和净化水质发挥涵养水源的功能，林草措施对水源保持和涵养的作用机理较为复杂，采用影子工程法估算各项水土保持措施的拦蓄价值，利用市场价值法估算水土保持措施节约的水量，如用于工农业生产所收取的费用，以此为依据计算涵养水源价值。

（1）防洪拦蓄价值。采用影子工程法，根据水库的单位修建工程投资计算修建具有相同蓄水能力水库的费用，以此估算防洪拦蓄价值，即：

$$E_{防洪} = T_w \times R_w \tag{6-3}$$

其中，$E_{防洪}$为防洪拦蓄价值（元）；T_w 为截流降雨总量（立方米）；R_w 为修建 1 立方米容水量的水库工程投资费用（元）。

$$T_w = (A_{林} + A_{草}) \times \theta \times J \tag{6-4}$$

其中，θ 为截流系数；J 为全年平均降雨量（毫米）。

（2）涵养水源价值。涵养水源价值的估算采用市场价值法，林草措施节约的降雨量如果用在工农业生产和居民生活中，则需要收取一定的费用，以此衡量此部分的价值，即：

$$E_{涵水} = T_w \times (\mu_g P_g + \mu_n P_n + \mu_s P_s) \tag{6-5}$$

其中，$E_{涵水}$为涵养水源价值（元）；μ_g 为工业用水比例；P_g 为工业用水价（元/立方米）；μ_n 为农业用水比例；P_n 为农业用水价（元/立方米）；μ_s 为居民生活用水比例；P_s 为居民生活用水价（元/立方米）。

6.3.2.3 固碳制氧价值估算

固碳制氧功能的评价指标为固碳、制氧物质量，包括固定的碳和释放的氧气所具有的价值。运用市场替代法评估水土保持林地、草地固碳制氧价值。

采用光合作用方程式计算林地生态系统生产 1 千克干物质可固定 1.63 千克 CO_2，并释放 1.19 千克 O_2如式（6-6）~式（6-8）所示。

$$E_{林碳} = 1.63 \times A_{林} \times \theta_{碳} \times B \times P_{碳} \tag{6-6}$$

其中，$E_{林碳}$为林地生态系统固定碳物质量价值（元）；$A_{林}$ 为林地面积（公顷）；$\theta_{碳}$ 为 CO_2 中 C 的含量；B 是林地单位面积干物质生产量（吨/公顷）；$P_{碳}$ 为固定碳的价格（元/吨）。

$$E_{草碳} = A_{草} \times \theta_{碳} \times C \times P_{碳} \tag{6-7}$$

其中，$E_{草碳}$为草地生态系统固定碳物质量价值（元）；$A_{草}$ 为草地面积（公顷）；$\theta_{碳}$ 为 CO_2中 C 的含量；C 是单位草地单位面积固定 CO_2的物质量（吨/公顷）；$P_{碳}$ 为固定碳的价格（元/吨）。

$$E_{林氧} = 1.19 \times A_{林} \times \theta_{氧} \times B \times P_{氧} \tag{6-8}$$

其中，$E_{林氧}$为林地生态系统释放 O_2物质量的价值（元）；$\theta_{氧}$ 为 CO_2中 O_2的含量；$P_{氧}$ 为固定 O_2的价格（元/吨）。

$$E_{草氧} = A_{草} \times \theta_{氧} \times C \times P_{氧} \tag{6-9}$$

其中，$E_{草氧}$为草地生态系统释放 O_2 物质量价值（元）；$A_{草}$ 为草地面积

（公顷）。

6.3.2.4 净化空气价值估算

除固碳制氧外，水土保持植被还可以吸附空气中的SO_2等有害气体及粉尘。

（1）吸收SO_2效益价值。硫存在于植物叶片中，可以通过实验测定叶片代谢转移和表面吸附的含硫量。根据单位面积林草吸收的平均值与林草面积乘积计算其吸收SO_2的物质量，从而核算其价值，即：

$$E_{二氧化硫} = (A_{林} \times \rho_s + A_{草} \times \rho_w) \times R_s \qquad (6-10)$$

其中，$E_{二氧化硫}$为林草地吸收SO_2的效益价值（元）；ρ_s为林地单位面积吸收SO_2量（吨/公顷）；ρ_w为草地单位面积吸收SO_2量（吨/公顷）；R_s为治理SO_2单位成本（元/吨）。

（2）阻滞粉尘价值。阻滞粉尘价值物质量通常以生态系统平均滞尘能力与面积乘积，结合单位滞尘价值计算而得，即：

$$E_{滞尘} = (A_{林} \times \rho_z + A_{草} \times \rho_x) \times R_z \qquad (6-11)$$

其中，$E_{滞尘}$为滞尘价值（元）；ρ_z为林地生态系统单位面积滞尘量（吨/公顷）；ρ_x为林地生态系统单位面积滞尘量（吨/公顷）；R_z为单位滞尘费用（元/吨）。

6.3.2.5 维持生物多样性价值估算

森林是物种栖息之所，对于维持动植物多样性具有重要意义，据此估算生态系统维持生物多样性价值，即：

$$E_{生物} = (A_{林} + A_{草}) \times \gamma \qquad (6-12)$$

其中，$E_{生物}$为维持生物多样性价值（元）；γ为林草地生态系统单位面积生物多样性的保护效益（元/公顷）。

6.3.2.6 作物供给价值估算

农田生态系统对人类最重要的贡献是供给农作物，据此估算农田生态系统服务功能，即：

$$E_{作物} = A_{耕} \times \gamma_n \times R_n \qquad (6-13)$$

其中，$E_{作物}$为维持生物多样性价值（元）；$A_{耕}$为耕地面积（公顷）；γ_n为单位面积粮食产量（千克/公顷）；R_n 为农作物价格（元/千克）。

6.3.3 部分省域水土保持生态服务功能价值估算

根据前面对我国油气田所处不同区域水土流失特征的描述可知，东北部、中部、西北部、西南部地区水土流失的情况表现存在差异。选择每个区域内典型油气田所在省域，评估该省水土保持生态服务功能价值，为制定全国范围内水土保持补偿标准提供参考。东北地区选择黑龙江省和吉林省，中部地区选择山东省，西北地区选择陕西省和新疆维吾尔自治区，西南地区则为四川省。

（1）黑龙江省水土保持生态服务功能价值估算。根据2021年黑龙江省统计年鉴数据可知，黑龙江省林业资源丰富，全省森林面积2 162.8万公顷，占全省土地总面积的45.9%；耕地面积1 716.6万公顷，占全省土地总面积的36.5%，全省人均耕地面积高于全国人均耕地水平；草地面积117.6万公顷①。估算黑龙江省水土保持生态服务功能价值的结果如表6－2所示。

表6－2　　黑龙江省水土保持生态服务功能价值估算结果

水土保持生态服务功能	评价指标	计算公式	数据获得	估算结果（亿元）
保持土壤	固持土壤价值	$E_{固土} = (A_{林} + A_{草}) \times M \times R / (h \times \rho)$	$A_{林}$为2 183.7×10^4公顷、$A_{草}$为117.6×10^4公顷；M取6吨/公顷/年（侵蚀地貌过程与生态过程研究团队）；h取30厘米（2018～2020黑龙江黑土耕地保护三年行动计划）；ρ取2.65毫克/立方厘米；R为12 364.65元/公顷（国家统计局数据计算）	2 128.03
	保持土壤肥力价值	$E_{保肥} = (A_{林} + A_{草}) \times M \times (NC_1/N_{含} + PC_2/P_{含} + KC_3/K_{含})$	C_1取900元/吨；C_2取800元/吨；C_3取2 200元/吨；$N_{含}$为17.7%，$P_{含}$为12%，$K_{含}$为50%；N取0.15%（中国第二次土壤普查）、P取0.29%、K取1.2%	109.13

① 黑龙江省统计局．黑龙江省统计年鉴（2022）［EB/OL］．（2022－05－20）．https：//tjj.hlj.gov.cn/tjjnianjian/2022/zk/indexch.htm.

续表

水土保持生态服务功能	评价指标	计算公式	数据获得	估算结果（亿元）
保持和涵养水源	防洪拦蓄价值	$E_{\text{防洪}}=T_w\times R_w$ $T_w=(A_{\text{林}}+A_{\text{草}})\times\theta\times J$	R_w 取 7.6 元（王金龙 2016）；θ 为 26.07%（田野宏 2014）；J 为 608.5 毫米（黑龙江省气象局发布 2021 年黑龙江省十大天气气候事件）	2 749.33
	涵养水源价值	$E_{\text{涵水}}=T_w\times(\mu_g P_g+\mu_n P_n+\mu_s P_s)$	μ_g 为 17.7%（2021 年度《中国水资源公报》）；p_g 取 4.3 元/立方米；μ_n 为 61.5%；p_n 取 0.12 元/立方米；μ_s 为 15.4%；p_s 取 2.8 元/立方米	458.02
固碳制氧	固定碳物质价值	$E_{\text{林碳}}=1.63\times A_{\text{林}}\times\theta_{\text{碳}}\times B\times P_{\text{碳}}$	$\theta_{\text{碳}}$ 为 0.2727；B 为 11.127 吨/公顷/年（余超等，2015）；$P_{\text{碳}}$ 为 1 200 元/吨	1 283.66
		$E_{\text{草碳}}=A_{\text{草}}\times\theta_{\text{碳}}\times C\times P_{\text{碳}}$	C 为 1.78 吨/公顷/年（沈海花等，2016）	6.85
	固定 O_2 物质价值	$E_{\text{林氧}}=1.19\times A_{\text{林}}\times\theta_{\text{氧}}\times B\times P_{\text{氧}}$	$\theta_{\text{氧}}$为 0.7273；$P_{\text{氧}}$为 1 000 元/吨	2 082.84
		$E_{\text{草氧}}=A_{\text{草}}\times\theta_{\text{氧}}\times C\times P_{\text{氧}}$	C 取 1.78 吨/公顷/年（沈海花等，2016）	15.22
净化空气	净化 SO_2 效益价值	$E_{\text{二氧化硫}}=(A_{\text{林}}\times\rho_s+A_{\text{草}}\times\rho_w)\times R_s$	ρ_s 为 0.15 吨/公顷/年，ρ_w 为 0.28 吨/公顷/年（韩晔，2015）；R_s 为 630 元/吨	22.5
	阻滞粉尘价值	$E_{\text{滞尘}}=(A_{\text{林}}\times\rho_z+A_{\text{草}}\times\rho_x)\times R_z$	ρ_z 为 21.6 吨/公顷（针叶林的年滞尘能力是 33.20 吨/公顷，阔叶林的年滞尘能力是 10.11 吨/公顷，混交林的年滞尘能力是 21.66 吨/公顷），ρ_x 为 0.0012 吨/公顷；R_z 取 170 元/吨（刘鑫等，2022）	794.18
维持生物多样性	生物多样性保护效益	$E_{\text{生物}}=(A_{\text{林}}+A_{\text{草}})\times\gamma$	γ 根据余新晓采用投资费用法，将植被建设投入作为保持生物多样性的研究成果，6 500 元/公顷/年	1 482.26
作物供给	农田作物创造价值	$E_{\text{作物}}=A_{\text{耕}}\times\gamma_n\times R_n$	A 为 1 716.6 × 10^4 公顷；γ_n 取 5 805 千克/公顷（国家统计局）；R_n 为 2.13 元/千克（国家统计局数据计算）	2 122.52
				合计：13 254.54

（2）吉林省水土保持生态服务功能价值估算。根据2021年吉林省第三次国土调查报告数据可知，吉林全省土地总面积1 874万公顷，耕地面积749.85万公顷，占全省土地总面积的40%；林地面积875.9万公顷，占全省土地总面积的46.74%；草地面积67.5万公顷①。按照本章确定的估算方法和指标体系得到估算结果如表6－3所示。

表6－3　　吉林省水土保持生态服务功能价值估算结果

生态系统服务功能	评价指标	水土保持服务功能价值评估结果（亿元）
保持土壤	固持土壤价值	880.36
	保持土壤肥力价值	45.15
保持和涵养水源	防洪拦蓄价值	1137.39
	涵养水源价值	189.47
固碳制氧	固定碳物质价值	523.79
	固定氧物质价值	852.26
净化空气	净化二氧化硫效益价值	9.47
	阻滞粉尘价值	321.63
维持生物多样性	生物多样性保护效益	613.21
作物供给	农田作物创造价值	927.16
		合计：5 499.89

（3）山东省水土保持生态服务功能价值估算。据山东省第三次国土调查主要数据公报显示，山东全省土地总面积1 581万公顷，土地资源利用结构以农用地为主体，耕地面积646.2万公顷，占全省土地总面积的40.87%；林地面积260.5万公顷，占全省土地总面积的16.48%；草地面积23.5万公顷②。估算结果如表6－4所示。

表6－4　　山东省水土保持生态服务功能价值估算结果

生态系统服务功能	评价指标	水土保持服务功能价值评估结果（亿元）
保持土壤	固持土壤价值	265.02
	保持土壤肥力价值	13.59

① 吉林省自然资源厅.2021年吉林省第三次国土调查报告［EB/OL］.（2023－11－23）. http://zrzy.jl.gov.cn/zwgk/tjxx/td/202311/P020231123385002613022.pdf.

② 山东省自然资源厅. 山东省第三次国土调查主要数据公报［EB/OL］.（2021－12－16）. http://dnr.shandong.gov.cn/zwgk_324/xxgkml/ywdt/tzgg_29303/202112/t20211216_3810111.html.

续表

生态系统服务功能	评价指标	水土保持服务功能价值评估结果（亿元）
保持和涵养水源	防洪拦蓄价值	342.4
	涵养水源价值	57.04
固碳制氧	固定碳物质价值	155.98
	固定氧物质价值	253.91
净化空气	净化二氧化硫效益价值	2.88
	阻滞粉尘价值	95.66
维持生物多样性	生物多样性保护效益	184.6
作物供给	农田作物创造价值	799
		合计：2 170.08

（4）陕西省水土保持生态服务功能价值估算。根据2021年陕西省经济社会发展概况和统计年鉴数据可知，陕西省林业资源丰富，全省森林面积1 246.86万公顷，占全省土地总面积的61.77%；耕地面积293.1万公顷，占全省土地总面积的14.52%；草地面积220.25万公顷[①]。估算结果如表6－5所示。

表6－5　　陕西省水土保持生态服务功能价值估算结果

生态系统服务功能	评价指标	水土保持服务功能价值评估结果（亿元）
保持土壤	固持土壤价值	1 369.08
	保持土壤肥力价值	70.21
保持和涵养水源	防洪拦蓄价值	1 768.8
	涵养水源价值	294.65
固碳制氧	固定碳物质价值	752.87
	固定氧物质价值	1 229.27
净化空气	净化二氧化硫效益价值	15.67
	阻滞粉尘价值	457.84
维持生物多样性	生物多样性保护效益	953.62
作物供给	农田作物创造价值	362.41
		合计：7 274.42

①　陕西省统计局．陕西省统计年鉴（2022）［EB/OL］．（2022－11－23）．http：//tjj.shaanxi.gov.cn/tjsj/ndsj/tjnj/sxtjnj/index.html？2022.

（5）新疆维吾尔自治区水土保持生态服务功能价值估算。新疆维吾尔自治区土地总面积16 649万公顷，是全国五大牧区之一，牧草地面积5 198.60万公顷，占全自治区土地总面积的31.22%；林地面积1 221.25万公顷，占全自治区土地总面积的7.34%；耕地面积703.86万公顷[①]。估算结果如表6－6所示。

表6－6　新疆维吾尔自治区水土保持生态服务功能价值估算结果

生态系统服务功能	评价指标	水土保持服务功能价值评估结果（亿元）
保持土壤	固持土壤价值	5 990.88
	保持土壤肥力价值	307.23
保持和涵养水源	防洪拦蓄价值	1 472.38
	涵养水源价值	245.26
固碳制氧	固定碳物质价值	1 027.64
	固定氧物质价值	1 849.1
净化空气	净化二氧化硫效益价值	103.24
	阻滞粉尘价值	48.55
维持生物多样性	生物多样性保护效益	4 172.9
作物供给	农田作物创造价值	870.3
		合计：16 087.48

（6）四川省水土保持生态服务功能价值估算。四川省第三次全国国土调查主要数据公报显示，四川省土地总面积4 861.16万公顷，拥有丰富的森林资源，林地面积2 541.96万公顷，占全省土地总面积的52.29%；草地面积968.78万公顷，占全省土地总面积的19.93%；耕地面积522.72万公顷[②]。估算结果如表6－7所示。

表6－7　四川省水土保持生态服务功能价值估算结果

生态系统服务功能	评价指标	水土保持服务功能价值评估结果（亿元）
保持土壤	固持土壤价值	3276.16
	保持土壤肥力价值	168

① 新疆维吾尔自治区人民政府网．新疆维吾尔自治区第三次全国国土调查主要数据公报［EB/OL］．（2022－01－12）．https：//www.xinjiang.gov.cn/xinjiang/tjxxgk/202201/4924672b6d1b426d92550623cbc8bd73.shtml.

② 四川省自然资源厅．四川省第三次全国国土调查主要数据公报［EB/OL］．（2022－01－18）．http：//dnr.sc.gov.cn/scdnr/scsdcsj/2022/1/18/3e1bc5eb55db44628498b5db740eac5b.shtml.

续表

生态系统服务功能	评价指标	水土保持服务功能价值评估结果（亿元）
保持和涵养水源	防洪拦蓄价值	3 064.67
	涵养水源价值	510.51
固碳制氧	固定碳物质价值	1 565.12
	固定氧物质价值	2 573.4
净化空气	净化二氧化硫效益价值	41.11
	阻滞粉尘价值	933.43
维持生物多样性	生物多样性保护效益	2 281.98
作物供给	农田作物创造价值	646.32
		合计：15 060.7

根据以上分析计算，汇总各省域水土保持生态服务功能价值的评估结果如表6－8所示。鉴于各省域林地面积、草地面积和耕地面积的占比不同，则不同地区水土保持生态服务功能价值评估的结果有一定差异。如黑龙江省为我国的农业大省，其耕地面积较为丰富，该省域内有我国著名的小兴安岭林区，林地占比较高，进而单位土地面积水土保持生态服务功能价值较高。四川省林地资源和草地资源都极为丰富，占该省土地面积的72.22%，故评估结果较高。而新疆维吾尔自治区林地资源匮乏，仅占全省土地面积的7.34%，耕地面积也很有限，导致该地区评估价值较低。本章以此评估结果作为下一步油气资源开采期间水土保持生态服务价值损失测算的基础数据。

表6－8　部分省域水土保持生态服务功能价值汇总

地区	省份	总价值（亿元/年）	单位土地面积价值（万元/公顷/年）
东北地区	黑龙江	13 254.54	2.81
东北地区	吉林	5 499.89	2.93
中部地区	山东	2 170.08	1.37
西北地区	陕西	7 274.42	3.60
西北地区	新疆	16 087.48	0.97
西南地区	四川	15 060.7	3.10

6.4 油气资源开采期水土保持生态服务功能价值估算

为了明晰油气资源开采期间对水土保持生态服务功能的影响程度，基于前面所评估的油气田所在省域水土保持生态服务功能价值数据（见表6-8），考虑占地面积和落地原油污染问题，结合样本油田区块，评估油气田开采期油气产品单位产量所损耗的水土保持生态服务功能价值，为科学制定油气资源开发水土保持生态补偿制度标准提供参考。

6.4.1 估算参数的确定

尽管注水采油、水力压裂等因素对水土保持生态服务功能产生很大影响，但因其长期性、隐蔽性、难监测等特点，难以获得较为系统的数据，本书暂不考虑。仅通过样本油田调查可获得的数据对永久和临时占压土地而导致油气产区水土保持生态服务功能损失及落地原油污染进行价值评估。

（1）计算期和损害系数。根据石油开采水土保持功能影响评价研究课题组分析，永久占地的影响在油田开采期最为突出，开采结束后部分地面占压设施将予以拆除，大致经过10年左右时间逐步恢复到原有水土保持生态服务功能价值水平。由于油田的滚动开发性质，存在边生产边建设的情况，故评估所依据的影响时间没有严格区分建设期间和开采期间，因此，按照服务期+10年计算。永久占地多建设基础设施和路面，损毁林草措施，对原有土地的水土保持生态服务功能的影响历时长且破坏性大。考虑到永久占地上留有部分绿化设施，经调研保守计算，服务期按照损失水土保持生态服务功能价值的70%估算损害程度，结束后10年逐年递减至影响期末为0。

临时占地主要包括集输管网、注水管网、水力压裂现场等，建设期结束后，虽经治理，地表水土保持生态服务功能在短时期内仍然无法完全恢复，而植物群落也存在无法恢复的可能。综合考虑，按照30%估算临时占地损失水土保持生态服务功能价值程度。虽然《中华人民共和国土地管理法》第五十七条规定临时占地不得超过 2 年，但油气资源开发因其开采时长的特殊性要占地 3～10 年，一般不超过 15 年，故本次测算的临时占地影响时间均按 5 年计算。

落地原油的影响隐蔽且持续时间较长，短期内污染带来的后果并不一定显现，开采期间逐渐累积达到污染范围，一直持续到油田报废后 10 年以上才能通过生态系统降解自愈恢复到原有水土保持生态服务功能，影响时间按服务期 +10 年计算。考虑近年来油气企业针对落地原油回收取得的成效，经调研，落地原油影响程度按水土保持生态服务功能价值的 20% 估算损失，开采期后逐年递减至影响期末为 0。

各油田区块的设计生产服务年限差别很大，实际年限还要取决于真实的油藏储量，一般在 10～50 年不等，本次评估均以 20 年的设计生产服务年限进行估算。

（2）单井落地原油影响面积。落地原油的影响问题一直存在，十多年前的处理方式是将其堆放在油井周围或简单覆盖，污染面积较大。近几年油气企业重视生产过程中对含油污泥的及时回收和石油污染土壤生态修复技术的运用，污染情况得以缓解，但问题仍然存在。顾廷富在对大庆油田落地原油对土壤污染的调查中得出结论，即油井周围 0～40 米范围内污染最重，占总量 90%。而随着距离的增大，石油烃等污染浓度的测定明显降低，横向迁移 150 米后污染基本消除，落地原油单口油井污染面积达 7.1 公顷[①]。高赞东在对东营油气区水土污染的调查中发现，被落地原油、含油污泥污染的油井占调查数量的 90% 以上，单井污染面积约 0.78 公顷，而较新的油区单井污染范围基本是井场范围（约 0.2 公顷）[②]。

哈尔滨师范大学环境效应实验室王悦明等（2014）对大庆市大同区八井子乡油井周围污染情况进行采样分析。以耕地中 6 个单井为采样对象，从油井中心分别以 0 米、20 米、40 米、60 米为半径，分东、西、南、北四个方向取土，采土深度范围 0～20 米。在对采样进行分离后，分析检测土壤中的石油类物质总量如表 6－9 所示。

---

① 顾廷富，梁健，肖红，等．大庆油田落地原油对土壤污染的研究［J］．环境科学与管理，2007（9）．

② 高赞东．东营市油气区水土污染修复治理实验研究［D］．武汉：中国地质大学，2012．

表 6-9　　八井子乡油井附近土壤石油类物质含量

采样距离（米）	土壤中石油类物质含量					毫克/千克
	B3	B4	B8	B13	B14	B17
0	6 940	368	1 932	4 540	956	344
20	376	200	220	656	184	1 120
40	216	152	240	312	144	164
60	216	248	156	232	176	892

注：*0 米非油井基台处算起，而是从耕地种植农作物处开始算起。

结果显示，八井子乡油井污染主要集中在油井附近 0~20 米范围内，超出《土壤环境质量标准》（GB15618—1995）中对于石油类总烃含量第二级标准限值（500 毫克/千克）的规定，属于轻度污染。目测这一范围土壤特征为土壤颜色变深并带有明显油斑，有些地方能够观测到落地原油，土壤有干燥板结现象。

本次评估综合考虑多位学者的测算结果，单井周围落地原油单口油井污染面积按油井周围辐射 10 米范围计算，影响面积按折合 0.03 公顷计算，暂不考虑原油运输、集输和事故等可能发生原油泄漏的偶然性概率情况。

从本章第 2 节评估的 6 个省域范围内随机选择 22 个油气田区块进行评估，区块基本数据如表 6-10 所示。

表 6-10　　样本项目产能建设基本情况

项目名称	所属油田	永久占地（公顷）	临时占地（公顷）	产能量（吨/年）	油井数（口）
宋芳屯油田芳 135 区块	大庆油田（黑龙江）	15.58	62.9	5.55×10^4	93
卫星油田产能工程	大庆油田（黑龙江）	6.12	1.13	3.98×10^4	45
敖古拉油田塔 66 区块	大庆油田（黑龙江）	4.5	24.5	2.76×10^4	23
永乐油田源 142 - 源 20 区块	大庆油田（黑龙江）	7.464	52.04	6.05×10^4	52
龙西地区塔 21-4 区块	大庆油田（黑龙江）	34.33	154.96	25.5×10^4	250
大安油田大 73、大 61、大 49 区块	吉林油田（吉林）	6.31	62.67	5.29×10^4	111
新民油田民 104、民 105 区块	吉林油田（吉林）	2.86	34.12	2.06×10^4	76
新立油田新 215 区块	吉林油田（吉林）	1.37	14.76	3.13×10^4	87
春风油田排 6 北区产能建设项目	胜利油田（山东）	12.39	30.12	6.7×10^4	45

续表

项目名称	所属油田	永久占地（公顷）	临时占地（公顷）	产能量（吨/年）	油井数（口）
滨州老区滚动开发建设项目	胜利油田（山东）	4.09	5.43	6.74×10^4	51
胜利采油厂2021年产能建设项目	胜利油田（山东）	2.83	49.91	14.67×10^4	112
乾安采油厂海坨子油田产能建设项目	胜利油田（山东）	2.885	16.75	1.485×10^4	33
第十一采油厂37万吨产能建设项目	长庆油田（陕西）	62.68	147	37×10^4	270
第十二采油厂42万吨产能建设项目	长庆油田（陕西）	92.13	159.57	42×10^4	189
苏里格气田东三区12亿产能建设项目	长庆油气田（陕西）	17.88	15	86.33×10^4	0
第一采油厂58万吨产能建设项目	长庆油田（陕西）	70.75	207.14	58×10^4	486
红山嘴油田红53井区克下组产能建设项目	新疆油田（新疆）	3.215	27.98	1.89×10^4	22
白25井区开发产能建设工程	新疆油田（新疆）	42.715	431.65	44.64×10^4	184
葡北油田葡北2块、葡北23块产能建设项目	新疆油田（新疆）	15.48	45.38	6.91×10^4	28
红87井区等8个区块	新疆油田（新疆）	58.98	510.96	52.56×10^4	301
夏55、夏48、夏9区块	新疆油田（新疆）	11.34	81.2	17.38×10^4	36
川西气田（彭州—大邑）区块	西南油气田（四川）	73.46	34.62	244.6×10^4	0

资料来源：各区块（项目）环境影响评价报告。

6.4.2 估算方法的选择

（1）永久占地水土保持生态服务功能价值损失为：

$$VL_{永}=\sum_{i=1}^{n_1}A_{永}\times\partial_{永}\times PV \tag{6-14}$$

其中，$A_{永}$为永久占地面积（公顷）；n_1为永久占地计算期（年）；$\partial_{永}$为永久占地水土保持生态服务功能价值损害系数；PV是该油田所在省域单位土地面积水土保持生态服务功能价值（万元/公顷/年）（见表6－8）。

（2）临时占地水土保持生态服务功能价值损失为：

$$VL_{临} = A_{临} \times \partial_{临} \times n_2 \times PV \quad (6-15)$$

其中，$A_{临}$ 为临时占地面积（公顷）；n_2 为临时占地计算期（年）；$\partial_{临}$为临时占地水土保持生态服务功能价值损害系数。

（3）落地原油水土保持生态服务功能价值损失为：

$$VL_{落} = \sum_{i=1}^{n_3} A_{单} \times W \times \partial_{落} \times PV \quad (6-16)$$

其中，$A_{单}$ 为单井影响面积（平方米）；n_3 为落地原油计算期（年）；W 为油井数（口）；$\partial_{落}$为落地原油水土保持生态服务价值损害系数。

（4）单位产品水土保持生态服务功能价值损失为：

$$VL_{总} = VL_{永} + VL_{临} + VL_{落} \quad (6-17)$$

$$PVL = \frac{VL_{总}}{N \times E} \quad (6-18)$$

其中，PVL 为单位油气产品水土保持生态服务功能价值损失（元/吨/年）；$VL_{总}$ 为油气资源开发水土保持生态服务功能价值损失总量（元）；N 为服务期（年）；E 为年产能量（吨/年）。

6.4.3 估算结果与分析

根据样本数据估算，油气资源开采期间单位油气产量损耗水土保持生态服务功能价值在 0.69 ~7.92 元/吨/年之间，平均 2.42 元/吨/年，如表 6 -11 所示。

表 6 -11　样本油田单位油气产量损耗水土保持生态服务功能价值

项目名称	所属油田	水土保持生态服务功能价值总量（万元）	单位油气产品损耗水土保持生态服务功能价值（元/吨/年）
宋芳屯油田芳 135 区块	大庆油田（黑龙江）	318.28	3.40
卫星油田产能工程	大庆油田（黑龙江）	329.63	5.97
敖古拉油田塔 66 区块	大庆油田（黑龙江）	600.53	4.96
永乐油田源 142 – 源 20 区块	大庆油田（黑龙江）	2 410.84	4.73
龙西地区塔 21 –4 区块	吉林油田（吉林）	633.85	5.99
大安油田大 73、大 61、大 49 区块	吉林油田（吉林）	326.38	7.92

续表

项目名称	所属油田	水土保持生态服务功能价值总量（万元）	单位油气产品损耗水土保持生态服务功能价值（元/吨/年）
新民油田民104、民105区块	吉林油田（吉林）	171.13	2.73
新立油田新215区块	胜利油田（山东）	362.07	2.7
春风油田排6北区产能建设项目	胜利油田（山东）	117.52	0.87
滨州老区滚动开发建设项目	胜利油田（山东）	108.85	3.66
胜利采油厂2021年产能建设项目	长庆油田（陕西）	4 807.55	6.50
乾安采油厂海坨子油田产能建设项目	长庆油田（陕西）	6 649.8	7.92
第十一采油厂37万吨产能建设项目	长庆油气田（陕西）	1 187.91	0.69
第十二采油厂42万吨产能建设项目	长庆油田（陕西）	5 743.86	4.95
苏里格气田东三区12亿产能建设项目	新疆油田（新疆）	97.32	2.57
第一采油厂58万吨产能建设项目	新疆油田（新疆）	1 364.87	1.53
红山嘴油田红53井区克下组产能建设项目	新疆油田（新疆）	1 767.52	1.68
白25井区开发产能建设工程	新疆油田（新疆）	327.54	2.37
葡北油田葡北2块、23块产能建设项目	新疆油田（新疆）	311.93	0.90
红87井区等8个区块	西南油气田（四川）	4 080.15	0.83

从评估结果看，各样本油气田单位产品产量水土保持生态服务功能价值存在一定差异，其主要原因在于：一方面，油气田所在东北地区、中部地区、西北地区和西南地区水土流失具有不同区域特征，其土地构成差异很大，计算参照的油气田所在省域单位土地面积水土保持生态服务功能价值评估数据不同，如陕西单位土地面积水土保持生态服务功能价值大约是新疆的4倍，计算依据的基础数据不同可能导致样本油田的测算结果存在差异。另一方面，单位油气产量下区块占地面积不同。由于各油田的地理环境、油藏的储量、品质、开采难易程度、水源及道路等条件有很大不同，导致需要建设的地面工程数量不同，相应的油田设施占地面积差异较大。因此，估算的单位油气产品水土保持生态服务功能价值不可能完全

相同。

我国陆上油气田分布于东北部、中部、西北部、西南部等，各地区水土流失成因、面积、强度、防治措施等各有不同，水土保持的方式方法、途径、任务、工作重点也不尽相同。因此，制定油气资源开发水土保持补偿标准要因地制宜，由国家统一设定一个标准范围，考虑不同地区单位土地面积水土保持生态服务功能价值差别，地方在制定具体标准时允许根据实际情况确定。

6.5 讨论

《中华人民共和国水土保持法》规定生产建设项目应针对其损坏的水土保持设施和地貌植被，致使水土保持功能丧失或者降低且不能恢复原有水土保持功能的，缴纳水土保持补偿费。所以，水土保持补偿费征收标准的制定应参考水土保持生态服务功能价值的评估结果。本章综合运用生态价值评估方法，依据林地、草原、农田占地面积，使用统一标准评估各省域单位土地面积水土保持生态服务功能价值。以此为基础数据估算油田永久占地、临时占地、落地原油等折损的价值，因为使用单位油气产能损耗的水土保持生态服务功能价值衡量补偿标准更加科学。

油气开采期间水土保持补偿费征收标准是政府和企业关注的焦点所在，其标准设置应当“轻重适度”。过低的水土补偿费可能导致人为对环境的破坏远高于其缴纳的补偿费所能恢复的程度，而如果缴纳的水土保持费用过高，可能会在很大程度上影响经济建设，加重油气企业缴费负担。现行水土保持补偿费仅按照油气生产井占地面积计征，计费依据过窄，油气资源开发项目中的油区道路、计量间、联合站、水井、勘探井等占地面积不容小觑。大庆油田 2018 年实际上缴水土保持补偿费 6 700 万元，如果依据书中评估均值 2.42 元/吨/年计算，大庆油田当年完成油气当量 4 166.85 万吨，开采期间应征收水土保持补偿费 10 083.8 万元，这一结果高于目前的征收标准。由于估算标准涵盖油田永久占地面积及临时占地面积，全面反映了油气资源开采造成的水土保持生态服务功能损失，因此，补偿标准在合理范围内。

6.6 本章小结

从保持土壤价值、保持和涵养水源价值、固碳制氧价值、净化空气价值、维持生物多样性、农作物供给六个方面估算生态服务功能物质量，构建评估指标体系，清晰地反映水土保持生态服务功能估算的全过程。将测算的部分省域单位土地面积水土保持生态服务功能价值数据结合样本油田进行评估，得到开采期油气产品单位产量所损耗的水土保持生态服务功能价值在 0.69 ~ 7.92 元/吨/年之间，平均为 2.42 元/吨/年，为科学制定油气开发水土保持生态补偿制度标准提供了参考。

第7章　油气资源开发水土保持生态补偿制度重构

油气资源开发等生产建设活动威胁水土保持，针对行业特点的水土保持问责机制和补偿制度需要探讨完善。根据生命周期理论，制度的形成经历设计、论证、实施、改进和退出等生命阶段。我国目前的油气资源开发水土保持生态补偿制度体现为水土保持补偿费制度，制度体系针对性不强，缺乏与行业的紧密联系，处于部分实施阶段。此时是发现制度存在问题并进行优化改进的关键时期。油气资源开发水土保持生态补偿主体的厘清、客体的界定、补偿标准的确定、补偿方式的增加、法律体系的完善是制度优化需要解决的核心问题，本章紧紧围绕制度的构成要素进行优化和完善，并提出保障制度有效实施的对策建议。

7.1　制度重构的基本原则

党的二十大明确了加快实施重要生态系统保护和修复重大工程，建立生态产品价值实现机制，完善生态保护补偿制度，为水土保持工作指明了目标方向。油气资源开发水土保持生态补偿制度优化以习近平新时代中国特色社会主义思想为指导，深入贯彻党的二十大精神。借鉴生态补偿的基本准则以及水土保持具体实践，油气资源开发水土保持生态补偿制度的建立和优化应遵循三个基本原则。

（1）责、权、利统一原则。水土保持生态补偿是生态补偿的子系统和重要组成部分。因此，油气资源开发水土保持生态补偿制度优化非常关键的一点就是必须遵循生态补偿的基本原则，科学分析资源开发各利益相关方在水土保持生态补偿中的相应责任、权利和义务，确保利益相关方责、权、利的均衡统一，建立公平、公正的责任体系。油气企业和国家均应成为水土保持的保护者和补偿者，理顺利益相关方的责、权、利，促进水土保持社会成本内部化的实现。

（2）因地制宜原则。水土保持生态补偿制度的建立要分区治理、因地制宜。陆上油气田分布于我国东北部、中部、西北部、西南部，各地区水土流失成因、面积、强度、防治措施等各有不同，水土保持的方式方法、途径、任务、工作重点也不尽相同。因此，制定油气资源开发水土保持补偿标准要因地制宜，国家统一设定一个范围及标准，考虑不同地区单位土地面积水土保持生态服务功能价值差别，地方在具体标准的制定方面允许根据实际情况确定，实事求是。

（3）多元参与原则。多元参与原则是指水土保持补偿的管理要实现政府补偿和市场补偿的有机结合。政府要在水土保持补偿工作中发挥主导作用，有效调动资源开发社会各利益主体参与水土保持工作的积极性，建立多元化筹资渠道和市场化补偿运作方式。基于政府失灵和市场失灵导致的水土流失问题必须通过政府和市场两个方面同时实施补偿，市场补偿是水土保持补偿工作未来的发展趋势。在资源与环境产权明确的基础上，基于特定补偿主体的市场补偿更有益于实现环境公平。所以，油气资源开发水土保持生态补偿制度的有效实施离不开政府补偿和市场补偿的有机结合。

7.2　制度重构的目标

（1）解决资源开发外部性问题。油气资源开发水土保持生态补偿制度是调整油气资源开发利益相关者因资源开采引发的水土生态环境利益和经济利益分配不均而对油气资源开发造成的外部成本内部化的制度安排，目的在于解决制约生态环境的油气资源开发水土保持问题。进一步捋顺补偿利益相关主体责权利的关系，通过水土保持生态服务功能价值估算来评估油气资源开发的负外部性影响，并解决补偿中的模糊问题。

（2）约束油气企业开发行为。油气资源的开采虽然占地面积小、人力物力投入相对较少，但是对生态环境的破坏却不可小觑。在现有水土保持补偿费制度基础上，提出油气资源开发水土保持生态补偿制度优化建议就是通过经济补偿的方式对因为开采而牺牲的自然环境进行维护和重建。通过加大油气开采成本减少不合规的随意开采，使对自然环境的伤害尽量降到最低。

（3）建立具有石油行业特点的水土保持生态补偿制度。在现有生态补偿制度基础上结合油气资源开发特点和环境影响表现进行制度优化。科学、全面、有针对性的补偿制度能够在资源开发生态补偿中发挥更有效的作用。

7.3 制度重构的框架

水土保持补偿是多元素融合的复杂工程，需要考虑不同主体、客体之间利益的协调，涉及补偿标准、途径、方式的考量，还需要完善的配套制度。因此，油气资源开发水土保持补偿顺利实施并发挥相应的作用需要一个完整的制度来规范。本书从制度的五大构成要素和法律体系、审批制度、监管制度等多项配套制度两方面出发重构油气资源开发水土保持补偿制度，如图7－1所示。

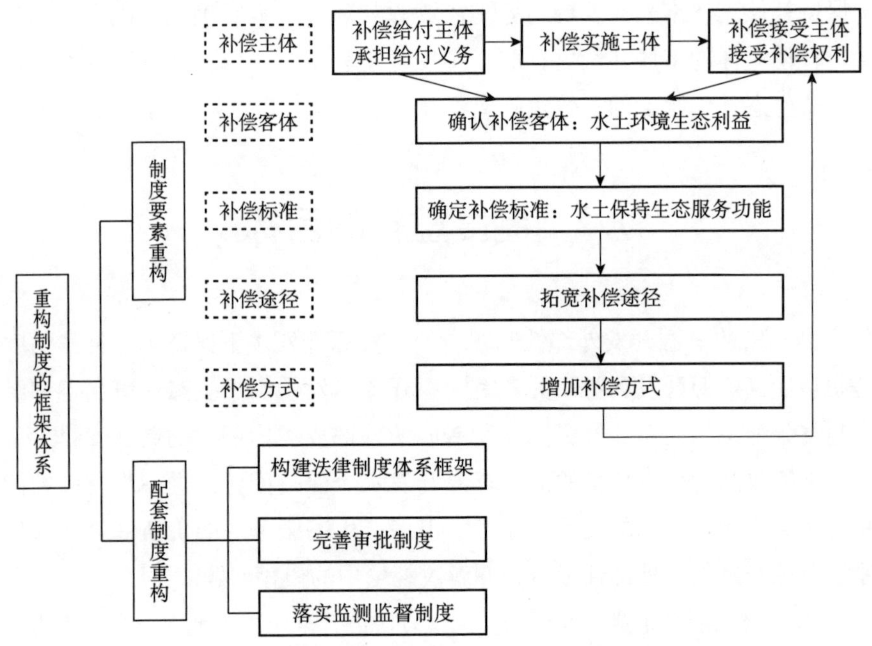

图7－1 油气资源开发水土保持补偿制度重构框架

7.4　制度要素重构

根据制度重构原则和目标，在现有水土保持补偿费制度基础上完善油气资源开发水土保持补偿制度要素，发挥协调油气资源开发利益相关者之间关系的作用，在补偿主客体、补偿标准、补偿依据、途径等方面进行要素重构。

7.4.1　明确补偿主体

进一步开展水土保持生态补偿制度实质性研究的首要关键点是明确补偿的利益相关方，即界定补偿的主体。“谁开发谁保护、谁破坏谁治理、谁受益谁补偿”的环境保护原则明确了生态补偿主体的界定原则，但在具体实施时还很复杂，国家、社会组织、单位和个人都有可能成为补偿主体。众多补偿主体和客体并未明确，补偿主体模糊使得水土保持生态补偿制度开展得不顺利，有失公平性。

基于“开发者保护、破坏者恢复、受益者补偿”的原则确定补偿主体，具体可分为补偿给付主体、补偿接受主体和补偿实施主体。其中，补偿给付主体是义务的承担者，要求具备一定的责任行为能力；补偿接受主体是权利的享有者，其作为被补偿的对象不要求具有责任行为能力；实施主体是连接补偿给付主体和补偿接受主体的桥梁和纽带，负责水土保持补偿生态补偿制度的组织实施，如图7－2所示。

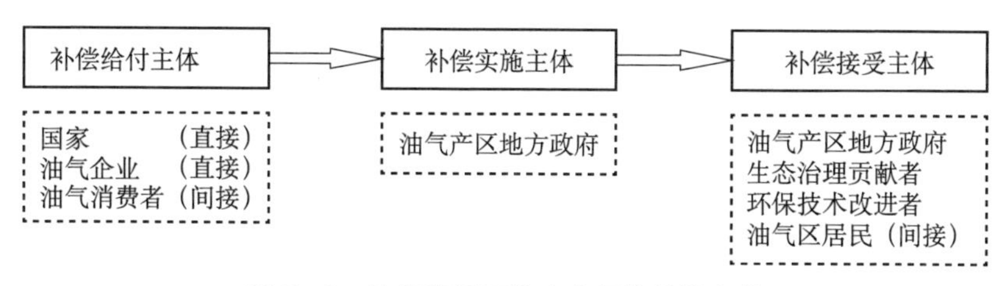

图7－2　油气资源开发水土保持补偿主体

（1）补偿给付主体，即在油气资源开发中承担水土保持补偿资金给付义务的主体。根据外部性理论，油气资源开发生产建设活动引发水土流失问题，开发主体在获取经济利益的同时造成生态环境的恶化，导致水土流失，增加油气产区其他社会成员的生产生活成本，也就是油气开发生产建设活动的外部成本。因此，开发建设活动主体和施工单位应该承担水土保持补偿责任。从发展角度看，国家是水土生态环境改善的受益者，也即承担水土保持补偿义务。因此，油气资源开发水土保持补偿给付主体主要是国家和资源开发企业法人。由于油气产区生态系统能够提供供给服务、调节服务、文化服务和支持服务等不同的功能和服务，因此，水土保持补偿应该基于资源开发损害的生态服务功能价值进行支付。

一方面，油气开发企业应成为油气资源开发水土保持生态补偿的重要给付主体，包括油气资源开发企业、油气管道运输企业、天然气开发企业等。油气资源开发企业通过油气资源开采获得经济利益，同时对油气资源产区水土生态环境造成破坏。油气管道运输企业通过管道长距离运输油气产品而获得经济利益，同时对铺设管道沿途的水土生态资源造成破坏。因此，油气企业按照“谁破坏谁治理”的原则，理应成为水土保持补偿主体。油气资源开发企业、油气管道运输企业和天然气开发公司作为油气资源开发水土保持补偿的主要给付主体，同样享有权利并承担义务。在获得相关部门开采许可证后，油气资源开发企业在许可范围内享有勘察和开采的权利，其通过资源开采获取相应经济利益，是资源开发的直接受益主体，更是油田生态环境利益消耗的直接责任主体，承担生态环境修复的给付义务。

另一方面，国家也是水土保持生态补偿的重要给付主体，是最负责任的补偿主体，但不是唯一给付主体。国家作为油气资源开发水土保持补偿的给付主体享有权利并承担义务，权利表现为依法享有油气资源的占有、使用、收益和处分四项权能，由国务院代为行使。国家通过行使占有权控制着油气资源，通过行使使用权调配资源的开发利用，通过行使收益权向油气企业收取资源开发相关税费获得资源收益；在法律范围内行使审批、许可、登记、监督、终止权等管理油气资源开发行为。国家在油气资源开发中获取收益，具有雄厚的资金实力和科学的管理措施。水土保持补偿中国家参与发挥的作用，一是“强干预”，即国家作为油气资源开发水土保持补偿的给付主体具有提供财政支持的义务，通过财政转移支付对油气产区生态保护、污染防治、改善人居生活条件和排除公害等管理措施提供资金支持。通过设置生态税费、制定水土保持生态补偿制度等强制性手段，要求其他补偿给付主体承担应尽义务。二是“弱干预”，即在国家宏观调控指导下，积极发挥市场机制作用，通过经济刺激、市场化运作等手段鼓励和引导更多组织通过更多途径加入水土保持补偿工作中。

需要说明的是，油气产品的消费者包括单位和自然人，虽然它（他）是油气产品的受益人，但不宜成为油气资源开发水土保持补偿的直接给付主体。因为消费者使用油气产品无论是盈利的还是非盈利的，其油气产品价格中已经包括了油气企业转嫁的部分水土保持补偿成本，每一位消费者都间接、被动地成为支付水土保持补偿成本的主体，不宜再重复支付水土保持补偿相关费用。

（2）补偿接受主体，即在油气资源开发中享有水土保持补偿权利的主体，是油气资源开发水土保持的补偿对象，包括因水土保持生态服务功能降低或丧失受到影响的受害者和水土保持生态建设的贡献者等。第一类是油气产区地方政府。油气资源开发过程中，因油气管道铺设施工会引发地表形态大面积改变，因注水采油方式导致地下水位下降明显，因落地原油污染土壤，降低土壤水土保持生态服务功能，导致油气产区地质、水文、土壤等遭受不同程度的破坏和污染。地方政府部署实施生态保护项目，积极引导当地水土保持单位和自然人保护环境，同时承受着资源开发区生态环境质量下降的后果，这一过程产生了机会成本和实际损失，因此，油气产区地方政府应成为水土保持补偿的接受主体。油气产区地方政府在获得生态补偿后，并未将补偿用于弥补自身管理、建设的不足，而是专款专用，将补偿分配给实施水土流失治理、为生态增益建设的单位和个人，补偿他们的利益损失，并鼓励他们继续开展生态保护，进而使生态增益。第二类是油气产区生态治理的贡献者。油气产区因石油资源开发导致地质、水文、土壤等遭受不同程度的破坏和污染，为了保护生存区域环境，需要进行生态投资建设，其中包括油气管道工程水保施工、水土保持项目、水利工程、保水保土耕作等，这些参与水土生态治理和水利投资建设的贡献者应接受补偿。第三类是为减少油气开发水土保持生态服务功能损失而作出努力者。油气企业本身一直在通过科技创新、技术革命、开发过程监督、运输管控等方式探索减轻油气开采对水土等生态环境的破坏。油气企业在技术和管理上的不断创新，包括油气企业为降低污染和破坏程度在技术层面的创新努力、施工管理额外投入的成本、开采方式在考虑环境方面的不断改进，都一定程度上降低了油气资源开发对水土保持生态服务功能的破坏，理应得到补偿和鼓励。这种补偿并不一定是资金补偿，可通过国家政策激励手段实现补偿，生态补偿保证金返还也是鼓励方式之一。第四类是油气产区居民。油气资源开发造成水土生态环境破坏对油气产区居民生产生活产生一定影响，大面积开采建设破坏地表植被，引起人居环境质量下降，水力压裂方式影响居民正常饮水，地下采空威胁居民生存安危，当地居民也应接受补偿。但油气资源产区居民不宜直接成为水土保持补偿接受主体，因为居民难以将水土保持补偿费用于水土保持生态服务功能恢复和治理。居民可以通过油气产区政府组织实施的水土保持恢复治理项目等从生态环境改善和水土保持生态服务功能恢复中，间接地成为水土保持补偿受益主体。

（3）补偿实施主体。补偿实施主体是指在油气资源开发水土保持生态服务功能恢复与治理中享有组织实施职能的主体。油气资源开发水土保持补偿一般在补偿给付主体和补偿接受主体之间直接进行即可，然而，由于水土保持生态服务功能恢复与治理具有“公共产品”属性，补偿接受主体的水土保持实施单位或者个人在没有组织监督的环境下，往往缺乏支付欲望而难以保障水土保持工程项目质量。此外，对油气产区需要长期进行水土保持生态服务功能的恢复与治理，而油气企业和水土保持实施单位或者个人以营利为主要目的，因此，需要在补偿给付主体和补偿接受主体之间设定补偿实施主体，解决补偿给付主体和补偿接受主体之间难以对接的障碍。油气资源开发补偿中应有一个代表地区公共利益的组织发挥作用，最适合且最能够发挥效用的补偿实施主体为油气产区的地方政府。前已述及，在油气资源水土保持补偿费用不宜对油气产区受害居民进行一一补偿的情况下，地方政府作为油气资源开发和水土保持生态服务功能维护者和责任人，油气企业将水土保持补偿费用缴纳给油气资源产区地方政府用于组织实施水土保持生态服务功能的恢复与治理。

补偿实践中应科学合理地界定支付主体与接受主体的利益关系，建立多元化生态保护补偿投入机制：一是要明确生态保护者享有的权利和油气开发企业等资源受益者的支付义务，将支付的费用或者获偿的资金均纳入财政预算；二是界定中央政府和地方政府之间、地方政府之间各自作为保护者与受益者的界限，据此明确因油气产区跨区域补偿的权利与义务关系；三是在补偿工作中进一步发挥居民的生态监督作用——监督油气企业末端生产建设行为、督促地方政府发挥监督职能、实时监督水土保持生态补偿工作开展的效果。

7.4.2　确认补偿客体

关于水土生态补偿客体，学者们的观点大致可以概括为以下几种：一是水土保持补偿的客体是补偿的受偿对象，具体包括水土流失受害者和提供水土生态效益者。补偿客体按照不同性质可以分为区域和个人。针对油气资源开发等经济活动造成的水土流失对生态环境破坏较大这一问题，应对受影响区域进行大范围补偿。依法从事水土保持工作的单位与个人及水土保持生态保护与建设的贡献者都是接受补偿的对象，具体以资金扶持、实物帮助和政府政策优惠为主。二是水土保持补偿的客体是水土生态环境补偿的行为，是生态保护权利和义务的承载体。这种补偿行为能够提高补偿地区的水土保持生态服务功能。三是水土保持补偿的客体是自然生态系统，补偿资源开发地区的生态环境。

第一种观点被许多学者认同，但其与水土保持补偿主体中的受偿主体相混淆，主客体界定不清。第二种观点则把保护水土生态环境的具体行为视为生态补偿关系的客体，从法律层面确定补偿主体权利、义务的指向，具有一定依据性，但缺乏全面考虑。第三种观点实际是从生态学的角度而言，在生态系统与人类社会经济系统的物质和能量交换关系中，是人类对生态环境的直接补偿，体现的是生态学意义上的关系，而不是法律意义上的客体概念，不涉及制度所调整的人与人之间的利益关系。

本书认为水土保持生态补偿的客体是水土环境生态利益，利益不是一个抽象的存在，而是具体内容和形式的统一。实质上，客体所承载利益的本身才是权利和义务联系的中介，权利和义务的真正指向是利益，物、行为、智力成果等是利益的载体。水土保持生态补偿制度中的利益从表现形式上可以分为“生态环境”的利益和“人”的利益。生态补偿的根本目的是保护和改善生态环境，实现生态环境系统对人类的可持续供给，生态环境的利益是生态补偿法律关系的客体。这里“人”的利益有两方面：一是油气开发地区居民的利益，他们只是补偿接受主体而不是直接的受偿主体，该部分补偿用来改善人类生存环境利益和社会发展利益方面，但不是用于改善个人经济和生活的补偿；二是油气产区生态治理贡献者的利益，如水土保持工程的建设者，他们是直接的受偿主体，补偿的是其在从事水土保持工作中失去的利益。因此，水土保持生态补偿的客体既包括生态环境利益也包括部分人的利益，是自然生态系统服务功能价值的体现，即为“水土环境生态利益”。

油气资源开发水土保持生态补偿应进一步明确如何解决资源开发经济利益与油气产区生态利益之间的冲突。受偿主体有接受生态补偿的权利，同时也有义务为保护和改善油气产区生态环境为或不为一定的行为；补偿支付主体有依法获得经济利益的权利，同时也有义务对开采地区生态环境和保护、改善生态环境的行为通过合理方式进行补偿。油气资源开发获得的经济利益因其开发行为的负外部性影响需要分出一部分来补偿水土环境受损的那部分生态利益，此部分生态利益可用水土保持生态服务功能进行衡量并确立补偿标准，如图 7 - 3 所示。

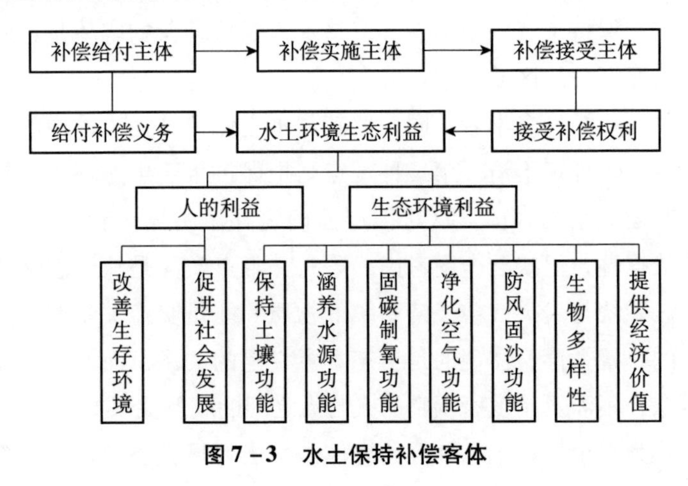

图 7 - 3　水土保持补偿客体

7.4.3　确定补偿标准

我国现行油气资源开发水土保持补偿主要依据《水土保持补偿费征收使用管理办法》征收水土保持补偿费，分开发建设期和开采期两个阶段区别计征。勘探建设期统一按照征占用土地面积一次性计征；对于开采期来说，油气资源和其他矿产资源分开计征，其他矿产资源依据开采量按年计征，油气资源则依据油、气生产井（不包括水井、勘探井）占地面积按年计征。根据前面的研究结论，开发建设期对水土保持生态服务功能的损害主因是油田地面工程建设和输油管道建设，所以，建设期间以征占用土地面积为征收依据进行一次性征收基本可实现对油气产区扰动土地、损坏水土保持设施和地貌植被的补偿，计征水土保持补偿费比较合理。但开采期间的水土保持生态服务功能损害并没有获得完全补偿，补偿标准有待改进。

确定油气资源开采期水土保持补偿费的征收标准应从以下三个方面进行考虑：一是《中华人民共和国水土保持法》（2011）规定生产建设项目应针对其损坏水土保持设施和地貌植被，致使水土保持生态服务功能丧失或者降低且不能恢复原有水土保持生态服务功能的，缴纳水土保持补偿费。所以，水土保持补偿费征收标准的制定应参考水土保持生态服务功能价值的测算，而本书第 6 章正是基于油气资源开发损害的水土保持生态服务功能价值的估算。二是油气资源开发项目仅依据油气生产井占地面积（每口井 2000 平方米以内）征收补偿费标准偏低。油气生产井占地面积只是油田产能用地的一部分，油区道路、管线用地、计量间、联合站等长期占压的土地面积不容小觑，应予以考虑。建议依据油田永久占地和临时占地面积折损计算补偿标准。三是开采期间除占压、扰动土地外，落地原油、注水采油、水力压裂带来的潜在地质危害和污染等生态损害在计算水土保持补偿费时也应一并考虑，且损害程度与产量有关，建议将油气开采阶段补偿费的征收把以面积为征收依据调整为以油气产量为补偿标准征收依据。

结合以上建议，油气资源开采期间水土保持生态服务功能的影响应根据油田整体占地面积折损测算，用单位产能损耗的水土保持生态服务价值衡量更加科学。以油田永久占地、临时占地和油气生产井数量为计算依据估算油气资源开采期单位油气产品折损的水土保持生态服务功能价值，测算结果（0.69～7.92 元/吨/年之间，平均 2.42/吨/年）作为油气资源开发开采期水土保持补偿费计费标准的参考。

7.4.4 拓宽补偿途径

油气资源开发水土保持补偿的最主要途径是政府纵向财政拨款，其主要资金来源一部分是来自国家财政补助，另一部分是来自行政事业性收费，补偿途径狭窄。制度优化的一个重要方面就是拓宽补偿途径，多渠道、多方面地参与到水土保持补偿工作中，健全补偿机制。一方面应考虑保证补偿资金的足额收缴，确保政府补偿这一主要途径顺利发挥作用；另一方面借鉴国外运用多种手段进行预防与治理的经验，建立辐射全国和具有油气行业特点的生态补偿基金。通过建立生态保护专项基金，设立区域性、行业性生态环保子基金，促进生态环境保护修复、环保产业发展和环保基础设施建设等。鼓励油气企业自助补偿。将企业上缴的税费反哺于企业用于进行环境修复，实现针对不同油气企业的利益需求选择不同的补偿条件。补偿途径应从国家拓展到社会和企业，使其广泛参与，共同完成补偿工作。

（1）保证财政补偿资金筹集。运用信息化手段实时监控和管理，掌握油气资源开发的工作进度，确保在开采前先征收勘探建设期的水土保持补偿费。在开采期每年中旬催缴，依法依规征收当年水土保持补偿费。水利、税收等部门应进一步加大水土保持补偿费等生态税费的征收力度，保障生态补偿的财政来源，该项资金专项投入到资源开发破坏环境的补偿和修复活动。各级政府应继续支持水土保持工作，逐步建立并完善矿产资源开发水土保持投入机制，拓宽资金渠道，多途径地为油气资源产区的水土保持设施建设、经济发展和人民的生活筹集资金。建议充分利用资本市场融资，为水土保持生态补偿提供持续的资金支持，如增发国债、支持石油和生态治理企业上市等，为环境治理和保护提供资金支持。优化税收结构，对各种与资源开发和环境保护相关的税种进行优化整合，保证生态环境建设税源充足。

（2）建立辐射全国和具有油气行业特点的生态补偿基金。目前来看，我国的环保基金正处于起步阶段。江苏、陕西、安徽、河南、宁夏、四川等省份设立省级环保产业基金；2017 年，中国华融与江苏省政府共同发起设立江苏省生态环保发展基金，总规模 800 亿元，专注于生态环境建设；

环保部门为推进“一带一路”环保合作，探索设立“一带一路”绿色发展基金。油气资源开发带动全国经济的发展，各个油气产区以其资源枯竭、环境受损为代价为全国经济建设源源不断地输送资源，为经济腾飞提供强有力的支持。因此，应鼓励非资源开发区政府、企业、组织、社会团体、公民个人积极参与到油气区生态补偿中来，以市场融资等方式投入其中。统筹生态补偿相关税费，设立全国范围的生态保护专项基金，汇总并统一管理使用，将生态补偿责任社会化、市场化、常态化。将征收上来的生态税费和政府资金补贴尽可能地分配给油气资源产区，用于减少油气开发对当地生态环境产生的影响。如东部及经济发达的沿海地区企业应履行社会责任，拿出部分收益建立环境可持续发展补偿基金，惠及油气开发地区，减轻资源区政府和企业的责任负担，将生态系统服务功能恢复至或高于原有水平。坚持政府引导、市场化运作的原则，发挥财政资金的引导撬动作用，吸引和带动社会资本加大投入、共同投资，支持环境保护治理和油气企业新型环保技术的发展，形成良好的社会效益与经济效益。另外，国家和地方政府应尽早出台对生态环境基金的相关扶持政策，从金融、财税政策层面支持绿色基金发展，还应加快建立相对适用面较广的环保投资绩效评价体系。从基金的创立到退出，每一个环节都要做到有章可循。

（3）全面实施矿山环境治理恢复基金制度。2009 年，国土资源部颁布《矿山地质环境保护规定》，其中，第十八条要求采矿企业应依照有关规定缴纳环境治理恢复保证金。有效地限制了矿山企业的滥采滥挖行为，对环境保护、地质地貌恢复提供了有力的政策依据及资金支持。由于油气资源开发占全国矿产资源开采比例较大，油气企业曾缴纳的矿山恢复治理保证金标准比其他资源类企业高，然而，保证金的提取加大了油气企业负担。2017 年 11 月，环境保护部发布《关于取消矿山地质环境治理恢复保证金建立矿山地质环境治理恢复基金的指导意见》，取消矿山地质环境治理恢复保证金制度，以基金的方式筹集治理恢复资金。全国部分省份陆续出台矿山环境治理恢复基金管理办法，但还需要进一步全面铺开。按企业会计准则相关规定预计弃置费用，并将其计入相关资产的入账成本。在预计开采年限内按照产量比例等方式摊销，并计入生产成本，在所得税前列支。资源开发企业应将退还的保证金转存为基金，用以对资源开发环境问题的治理。基金由资源企业自主使用，根据其开采地质环境保护与土地复垦方案确定经费预算、工程实施计划和进度安排等，专项用于因矿产资源勘查开采活动造成的产区地形地貌景观破坏预防和修复治理以及矿产地质环境监测等方面。资源开发企业的基金提取、使用以及矿山地质环境保护与治理恢复方案的执行情况须列入矿业权人勘查开采信息公示系统。相比环境恢复治理保证金，通过建立基金的方式筹集治理恢复资金更有利于调动资源企业的环境治理积极性并配合环境动态监管机制统筹资金安排。

在环境治理恢复基金具体实施的过程中，其主要收取对象为油气田的开发者，基金的筹集规模主要取决于油气田规模，同时受油气资源开采条件及技术等方面因素影响，在进行管理的过程中应对基金设置专门的账户，保证其专项使用、足额到户，为因油气资源开采而遭受影响的环境、生态的治理与恢复以及对矿区居民提供补偿。

（4）鼓励油气企业进行自主补偿。政府应充分考虑到税收优惠、政策扶持等鼓励手段在水土保持补偿建设中的重要作用，推动企业更积极地治理水土问题。油气开采过程中，油气资源开发企业向政府部门缴纳相关税费，政府通过征税优惠反哺油气资源开发企业，鼓励企业出资用于油气资源产区环境的可持续发展建设。油田开发完成后会遗留大量闲置资产，政府需要在土地规划、城建等方面给予政策照顾，协调油气开发相关配套产业落户，发展绿色能源接替后续产业，有效利用国有企业闲置资产，促进老油区转型发展。对于纳税较多的油气资源开发企业，可以利用退税政策或者免税政策，让企业更积极地治理水土流失问题。对于急需用地审批的企业，相关部门可以利用“用地批准优先权”来约束企业履行水土流失治理的承诺。

总之，渠道的多样化更具鼓励性，由此获得的企业回应也更明显，有利于提高水土保持工作的效率及效果。针对不同侵蚀区情况，还应实行分区补偿管理。只有生态补偿资金具有稳定可靠的来源，水土保持生态补偿制度才能在生态环境治理中发挥应有的效应。

7.4.5 增加补偿方式

油气资源开发对受偿主体进行补偿时基本以政府补偿为主，最主要的补偿方式就是资金补偿。油气企业以上缴水土保持税费方式将部分收益用于补偿开发地区受损的水土环境利益，政府统筹安排征收的水土保持补偿税费主要以资金补偿的方式支持油气产区的生态环境恢复建设，但补偿方式单一。优化补偿制度应考虑增加补偿方式，建立以政府资金补偿为主、市场补偿为辅、社会补偿为补充的补偿方式。

（1）资金补偿。资金补偿的主要来源是政府财政转移支付，属于输血型生态补偿方式。资金补偿可以通过修复受损的水土保持设施，快速且直接地弥补资源产区居民和环境的直接损失。党的十八大以来，中央累计投入资金686亿元支持地方加快水土流失综合治理。陕西省2022年计划完成水利投资406亿元，新增水土流失治理面积4 000平方千米，全面完成国家水土保持重点工程建设任务[①]。需要注意的是，采取资金补偿方式要严格控制资金流向，由水利政府设定专门的水土保持补偿费等税费管理机构对补偿资金进行监管和绩效审计，严防补偿资金被截留和挪用，确保补偿资金落到油气开发生态受影响地区，切实发挥补偿资金在油气产区生态环境保护中的作用。

（2）政策补偿。政策补偿是政府补偿的一种方式，通过优惠贷款、减免收费等政策倾斜来激励油气开发企业合理开发、恢复和保护油气开发区生态环境。建议运用企业所得税收优惠政策进行技术补偿，鼓励油气资源开发企业引进先进技术，最大限度降低压裂技术对地层的破坏和落地原油污染等问题，对资源开发区域周围水土保持补偿工作给予技术支持，提高资源型城市整体技术水平，这是一种共赢共利、共生共荣的补偿方式，具有可持续性。

（3）市场补偿。运用市场补偿，依照市场化规则对生态环境破坏者进行惩戒，对环境保护者进行奖励补偿，拓宽横向补偿。对水土保持工作贡献者探索实物补偿、就业补偿、智力补偿等多元化补偿方式。针对因实施水土保持工作而受到损失的农户给予农机、农械、农肥等物质补偿，发行水土补偿或生态福利彩票，以吸纳社会筹资，结合市场作用拓宽补偿形式。油气产区鼓励民营企业等社会力量通过承包、租赁、股份合作等形式参与水土保持工程建设。

（4）社会补偿。全社会范围内培育和完善水土保持社会化服务体系，大力推进政府购买服务。推动国家水土保持生态文明工程建设，调动油气

① 今年陕西省投资406亿元推动重大水利工程建设［N］. 陕西日报，2022－02－27.

开发地方政府和群众参与当地水土保持的积极性和主动性。

油气资源开发水土保持生态补偿的形式既可以是货币式的资金补偿，也可以是政策补偿、土地补偿、智力补偿、技术补偿、生态移民等非经济形式，最终体现为油气资源生态补偿所产生的水土保持生态服务效益。

7.5 法律制度体系重构

水土保持生态补偿离不开系统的法律制度规范，而制度实现优化需要完备的法律制度体系做保障依据。油气资源开发水土保持法律制度体系仍然以《中华人民共和国水土保持法》和《水土保持补偿费征收使用管理办法》为核心进行完善和修订，在其他环境保护相关法律中体现油气资源开发水土保持生态补偿有关具体规定，增加水土保持相关法律法规，构建油气资源开发水土保持法律制度体系，如图7－4所示。进一步细化资源开发环境规制相关法律法规，全面加强对油气资源开发行为水土保持管控，加快能源区水土流失治理，推动油气资源开采趋向绿色生产方式。

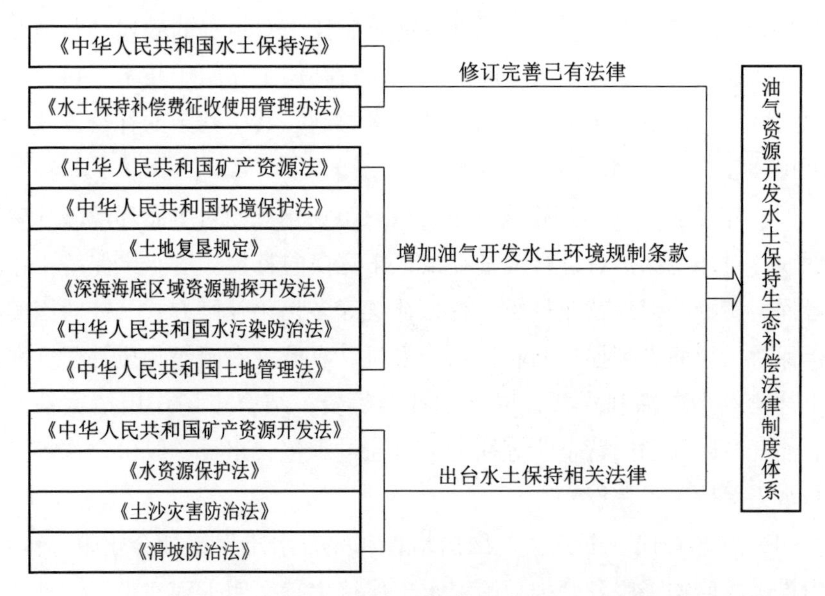

图7－4　油气资源开发水土保持生态补偿法律制度体系框架

重构油气资源开发水土保持生态补偿法律制度体系，首先，以现有的

《中华人民共和国水土保持法》和《水土保持补偿费征收使用管理办法》为依托，修订和完善已有制度。如《中华人民共和国水土保持法》第二十五条中“四区”界定不清，建议将“在山区、丘陵区、风沙区以及水土保持规划确定的容易发生水土流失的其他区域开办可能造成水土流失的生产建设项目，生产建设单位应当编制水土保持方案”，修改为“开办可能造成水土流失的生产建设项目，生产建设单位应当编制水土保持方案”。其次，在现有其他环境相关法律中增加油气资源开发水土环境规制条款。矿产资源和环境保护相关法律制度还应更加全面和细化，根据油气资源开发等生产建设项目特点进行细致划分，充分运用法律的强制性来保障水土保持工作的有法可依，从根本上解决水土流失的环境问题。最后，借鉴美国、日本等国经验出台水土保持相关法律。针对资源开发应进一步修订《中华人民共和国矿产资源开发法》，实行严格的开采审批制度；经过多年历史积淀，健全水土保持相关法律体系，出台多项法律细化水、土、沙、灾等各项工作，如以保护水资源和改善水环境状况为宗旨的《水资源保护法》、以土砂灾害防治为基本方针的《土砂灾害防治法》和边坡滑坡预防治理的《滑坡防治法》等。全面营造用最严格的法律制度保护水土资源的法治环境，加快构建完备的水土保持法律制度体系。

7.6　本章小结

一个完善的水土保持补偿制度包括补偿主体、补偿客体、补偿标准、补偿途径、补偿方式等构成要素。我国虽已初步建立以水土保持补偿费为代表的水土保持补偿制度，但要素内容并不充分。结合油气资源开发特点补充完善补偿制度各要素，明确界定补偿主体，确认补偿客体，以产量为依据改进生产期间补偿标准，拓宽补偿途径，丰富补偿方式，重构我国油气资源开发水土保持补偿制度要素。

第8章　油气资源开发水土保持生态补偿制度的保障措施

水土保持补偿是多元素融合的复杂工程，涉及不同主体，需要考虑不同主体之间利益的协调，还要有配套制度作为保障。这些配套保障措施是整个水土保持生态补偿制度的重要支持，能够保证制度框架中各关键问题在实际补偿中被顺利解决，同时也能够促进整个资源开发水土保持生态补偿的顺利运行。

8.1　强化水土保持方案审批管控

今后一定时期，中国仍将处于快速发展的关键期，加强生产建设项目过程的水土保持监测监控、管理管控对生态环境造成影响，是新时期水土保持的十分重要的责任。要严格水土保持方案审批管控，对水土保持生态服务功能明显降低、水土流失状况严重恶化以及划定为自然保护区、饮用水水源保护区、重要湿地等生态保护红线的区域，水行政主管部门应对区域内生产建设项目水土保持方案限制审批。在加强管理和严格控制方面，加强对取土、挖砂、采石、烧窑、修路等活动的监督管理。从事油气资源勘查、开采等生产建设经营活动需开挖山体的，油气企业应当依法办理相关审批手续，并采取有效措施，防止地质灾害、环境污染和水土流失情况的发生，做好水土保持、植被恢复和土地复垦工作。

8.2　确立水土保持生态修复与治碳增汇指标考核体系

党的十八大以来，国家将资源消耗、环境效益等指标纳入经济社会发展综合评价体系，并增加考核权重。2016 年出台的《生态文明建设目标评价考核办法》，以“绿色发展指数”作为评价地方党委、政府每年生态文明建设的成效，其中就包括一项水土保持指标。以“水土流失影响综合指数”评价地方政府的水土保持工作成效，该综合指数包括水土流失情况变化、水土流失的预防保护、水土保持综合治理情况等客观性指标。2017 年 3 月 6 日，水利部印发《关于推进水土保持目标责任考核的指导意见》，明确要全面建立省级人民政府对市县人民政府的水土保持目标责任考核制度。实际上，部分省份关于本地区各级政府水土保持目标责任的考核奖惩制度仍未建立，未明确符合本地区水土流失特点的考核内容和考核指标，相关考核工作安排也未落实，与水土保持法的要求相比，这项工作的进程严重滞后。2023 年 1 月，中共中央办公厅、国务院办公厅发布《关于加强新时代水土保持工作的意见》，其中提出加强水土保持考核。实行地方政府水土保持目标责任制和考核奖惩制度，将考核结果作为领导班子和领导干部综合考核评价及责任追究、自然资源资产离任审计的重要参考。对水土保持工作中成绩显著的单位和个人，按照国家有关规定予以表彰和奖励。国家对各省（自治区、直辖市）政府水土保持目标责任的首次考核评估工作已经启动。

建议推动各地方尽快建立并落实水土保持目标责任考核奖惩制度，适时开展国家对各省（自治区、直辖市）实施水土保持规划情况的考核评估，推动各省（自治区、直辖市）尽快出台水土保持目标责任考核奖惩相关政策。可单独开展考核或将水土保持目标责任考核纳入本地区各级政府绩效考核，进一步强化对地方政府水土保持责任的监督管理。根据国家对生态红线的管控要求，以“资源开发区内水土流失面积不增加，水土流失强度不加剧，水土保持生态服务功能不降低”作为评价和考核底线，并根据评价结果对主要部门责任者进行奖惩。将碳减排作为评估水土保持生态修复效果的重要考核指标，科学评估水土保持生态修复对碳达峰碳中和的贡献。评价结果可根据优良程度设定等级，为国家财政支持各地开展水土保持生态修复资金补助和实行生态占补平衡提供科学依据。加快构建全社会范围内系统完备、规范高效的生态文明制度体系是油气资源开发水土环境建设的有力支撑。

8.3 提高水土保持监测能力

大数据时代已然到来，水土保持监测工作要有新作为，方有新突破。

一方面，加快建立实施水土流失动态监测体系。加快省级地方政府建立水土流失监测评估体系，开展水土流失动态监测，为区域水土流失生态安全预警、依法落实市县级政府水土保持目标责任制和考核奖惩提供支撑。建立健全分级负责的水土流失动态监测体系，完善水土流失动态监测技术标准体系，完善生产建设项目监督性监测和水土保持重点工程治理成效监测机制，不断提高对水土流失生态安全预警、水土保持目标责任及有关生态评价考核等的支撑力度。推动各省（自治区、直辖市）水土流失动态监测网络及信息化建设进程，尽快编制出台各省（自治区、直辖市）水土流失动态监测网络建设规划，明确近期水土流失动态监测和水土保持信息化监管的总体目标、主要任务和保障措施。

另一方面，提高水土保持跟踪监测技术。优化调整、升级改造现有监测站网，构建布局合理、功能完备、上下协同的监测网络。加快智能技术与水土保持监测工作深度融合，综合应用地理遥感、地面观测、抽样调查等方法和手段，大力推进无人机监测、多尺度遥感、GIS 技术、移动采集系统、自动测试和数据传输设备在水土流失动态监测中的应用。参考美国加州地方政府的监测经验，针对油气开发水利压裂技术施工，以注入为核心，围绕压裂液的构成选择、注入过程进行动态监控，对注入后的地下水层实时监测，开展更具针对性和专业化的监督工作。全面构建水土保持监测预测长效机制和动态反馈、智能决策的水土保持发展新模式，为新时期水土流失综合治理以及生态文明建设宏观决策提供依据。

8.4　增设地方油气环保专门监督机构

我国油气监管制度经历了从单一到分散再趋向统一的改革过程。新中国成立至今，国务院不断调整职能部门负责石油、化工工业管理。从最初始的燃料工业部、化学工业部和石油工业部到能源部，1998年，中国石油、中国石化、中国海油三大石油公司成立，国务院组建国家石油与化学工业局（以下简称国家石化局）。目前，承担油气监管职能的机构有多家，油气矿权的许可证审核颁发由国土资源部负责；油气开发规划、计划、政策的制定和监督实施，石油天然气的储备管理和石油管道安全由国家能源局下属的石油天然气司（国家石油储备办公室）负责；油气开发的行业准入和投资项目审批由国家发改委负责；油气安全生产由国家安监总局监管；海洋石油开发由国土资源部下属的国家海洋局负责；石油化工环境污染由环保部门负责。而监管部门多容易出现“令出多头”“九头治理”的情况，导致监管效率低下。油气行业是典型的高污染风险产业，但油气监管却一直是政府监管的薄弱环节。2018年3月成立的生态环境部统筹多方治理问题，2019年3月印发的《2019年环境影响评价与排放管理工作要点》强调要加快推进《排污许可管理条例》出台和《固体废物污染环境防治法》修订，这将进一步推进石油和化工行业的环评和排放管理。

油气环境监督工作在中央统筹管理的基础上更需要地方成立专门的执法机构，进一步加强与各地方油气公司的监管和联系。油气污染的预防和治理需要结合油气开发技术特点和环境技术要求共同开展，建议在油气生产大省建立地方性的油气环境执法专业机构，将环保、水利、安全、国土、交通等部门职能中涉及油气勘探、开采、运输等事项的环境监管权限委托给该机构，由其负责具体油气生产的日常监管和执法。该机构应吸收油气勘探开发相关技术人员加入，通过人事聘任等方式选用具有油气开发一线工作经历的技术人员同机构内的环境监测技术人员组成监管小组，执行监管和督导事务。其工作程序与油气企业施工作业进度保持一致，做到同时施工、同时监管、同时处理，其监督执法工作不会给企业增加额外负担。地方成立的执法专门机构有助于更加细致和深入地指导油气公司环境管理工作，是对企业自我管理的有效补充。在油气企业实施勘探开发行为前对审核作业许可证、作业环境可行性论证等进行事前监管，对施工作业行为规范性进行事中监督，事后对废弃井、留置井等善后事务的处理和落地原油等进行跟踪评估，目的是控制和掌握油气勘探开发作业可能遗留的环境危害。

8.5 收集油气资源开发水土流失相关信息

近年来，全国各地各级水土保持管理机构不断加强能力建设，但因为工作量日益繁重、新要求不断提出，水土流失信息收集技术支撑能力不足，油气资源开发造成水土流失的计量数据很难落实。因此，应设立合理有效的信息收集体系。全国水土保持监测网络与水土流失管理信息系统的关键问题包括监测网络结构、监测站点布设、监测指标体系、动态数据采集、水土保持管理信息系统开发等，亟待研究解决。

油气资源开发水土流失信息收集需要企业、有关部门、当地居民共同举力。加强对水土流失信息收集人员的宣传和教育，提高全社会的水土保持意识，增强全社会的法治观念。严格执行水土保持信息收集的准确性、高效性，将水土保持信息的收集落实到整改工作的全过程中。设立组长，对收集到的信息进行汇总，使信息及时地呈递到有关部门，以便管理部门作出决策制定合理的水土保持实施性计划。明确水土保持目标并责任到人实施收集，确保信息收集体系有效运行。

8.6 监督水土保持相关费用使用效果

在水土保持相关费用的使用管理方面，地区政府可发起设立水土保持生态补偿基金理事会，由此具体负责管辖范围内水土保持补偿费的征收、分配和管理运作。理事会成员可由水行政主管部门、环保部门、银行、企业等成员兼任，成员主要采用聘请、派驻和指定的形式并定期轮换。水土保持相关费用使用接受财政、价格、人民银行、审计部门和上级水行政主管部门的监督检查。费用使用的管理与监督要分离，防止权力滥用，从而降低监督效果。要建成行政主管机关内部监督与社会公众外部监督相配合的监督体系，政府及其相关行政部门负责内部监督，企业、其他单位和群众负责外部监督，两者合力对水土保持相关费用的使用进行全程监督。

8.7 提升油化企业的环境责任践履能力

“双碳”战略背景下，化石能源企业的环境责任包括：第一，碳排放减排责任。企业应当积极参与碳排放减排工作，降低自身的碳排放量，保护环境，减少对环境的破坏和污染。第二，碳中和责任。企业应当积极推动碳中和工作，通过吸收和储存二氧化碳等方式来抵消自身的碳排放量，加大可再生能源等负碳技术的应用规模，向社会提供更多负碳产品。第三，生态保护责任。企业应当积极保护生态环境，减少对生态系统的破坏。第四，资源利用责任。企业应当合理利用资源，降低对自然资源的消耗。提升企业履行环境责任的能力是油化企业承担社会责任的有力保障，水土保持生态补偿是对其生产经营行为带来的环境负外部性承担相应的补偿责任。化石能源企业应尊重环境、社会、人权等基本原则，遵守法律法规，积极参与社会公益事业，不断提高社会责任意识。

8.8 本章小结

强化水土保持方案审批管控，确立水土保持生态修复与治碳增汇指标考核体系，提高水土保持监测、监督能力，提升油化企业的环境责任履行能力等配套保障措施是整个水土保持生态补偿制度的重要支持，其不仅能够保证制度框架中各关键问题在实际补偿中被顺利解决，同时也能够促进整个资源开发水土保持生态补偿的顺利运行。

参考文献

[1] 毕华兴，郭超颖，林靓靓．水土保持生态补偿的伦理学基础［J］．北京林业大学学报（社会科学版），2009（9）：156－161.

[2] 财政部 国家发展改革委．关于印发《水土保持补偿费征收使用管理办法》［J］．中国水土保持，2014（3）：1－3.

[3] 财政部、国家发展改革委．印发《关于降低电信网码号资源占用费等部分行政事业性收费标准的通知》［J］．2017（11）：1－3.

[4] 财政部、国家发展改革委．印发《关于水土保持补偿费收费标准（试行）的通知》［J］．2014（3）：1－5.

[5] 陈建军．澳大利亚水土保持考察与体会［J］．福建水土保持，2000（12）：53－57.

[6] 陈丽波．水土保持效益评价及生态补偿制度构建研究［J］．内蒙古水利，2015（4）：165－166.

[7] 陈诗思．"双碳"目标背景下的网络舆论关注与企业绿色创新［J］．管理工程学报，2024（1）：1－15.

[8] 程红光，龚莉．中国环境影响评价制度四方信号博弈分析［J］．国土资源，2009（2）：168－174.

[9] 程倩，张霞．矿产资源开发的生态补偿及各方利益博弈研究［J］．矿业研究与开发，2014（3）：127－131.

[10] 戴厚良．推动绿色低碳发展，增强能源安全保障能力［J］．中国石油企业，2021（11）：14－17.

[11] 丁宝根，邹晓明．国外矿产资源开发生态补偿实践及对中国的借鉴与启示［J］．老区建设，2017（7）：27－29.

[12] 丁全利．新探索 新变革——2017 年我国矿产资源管理新进展综

述［J］. 国土资源，2018（1）：30－35.

［13］杜丹. 中国经济发展转型下的农业生态补偿绩效研究：基于政府、企业与农户的行为视角［M］. 北京：经济科学出版社，2023.

［14］樊万选，吴涛. 生态系统的商品和服务属性及其提供的环境收入［J］. 林业经济，2010（5）：111－114.

［15］高赞东. 东营市油气区水土污染修复治理实验研究［D］. 武汉：中国地质大学，2012：60－63.

［16］高照良，彭珂珊. 西部地区生态修复与退耕还林还草研究［M］. 北京：中国文史出版社，2005.

［17］谷国锋，黄亮，李洪波. 基于公共物品理论的生态补偿模式研究［J］. 商业研究，2010（3）：33－36.

［18］顾廷富，梁健，肖红，等. 大庆油田落地原油对土壤污染的研究［J］. 环境科学与管理，2007（9）：50－56.

［19］郭升选. 生态补偿的经济学解释［J］. 西安财经学院学报，2006（6）：43－48.

［20］郭晓丹，王帆. "双碳"目标下政府补贴、需求替代与减排效应——来自中国乘用车市场的证据［J］. 数量经济技术经济研究，2024（1）：1－21.

［21］国家能源局. 能源碳达峰碳中和标准化提升行动计划［EB/OL］. https：//www. nea. gov. cn/2022－10/09/c_ 1310668927. htm，2022－9－20/2023－1－8.

［22］韩德梁，刘荣霞，周海林. 建立我国生态补偿制度的思考［J］. 生态环境学报，2009（2）：799－804.

［23］韩晓增，邹文秀. 水土流失对黑土理化性状的影响及水土保持措施的效果［J］. 中国水土保持，2009（1）：13－19.

［24］何鸿政，杜志勇. 甘肃省庆阳市地下水分布特征及管理保护对策［J］. 地下水，2013（3）：28－30.

［25］何静，张建军. 新疆地区水土保持生态服务功能价值评估方法及生态服务价值估算［J］. 水土保持通报. 2012（12）：110－115.

［26］何静，朱琦，高照良. 西部原油成品油管道工程甘肃段水土流失防治探［J］. 首都师范大学学报（自然科学版），2013（8）：81－87.

[27] 黑龙江省自然资源厅.2021 年推进碳达峰碳中和工作实施计划 [EB/OL]. http://zrzyt.hlj.gov.cn/zrzyt/c112206/202109/c00_30870240.shtml，2021-11-2/2023-1-8.

[28] 侯铎，思玉琥，彭健锋，等.油气集输管道的腐蚀失效与环境保护 [J]. 石油化工腐蚀与防护，2012（2）：23-26.

[29] 侯元兆.中国森林资源核算研究 [M]. 北京：中国林业出版社，1995.

[30] 胡续礼，等.浅析水土保持补偿机制建立的理论基础及实现途径 [J]. 中国水土保持，2007（4）：6-8.

[31] 黄寰.区际生态补偿论 [M]. 北京：中国人民大学出版社，2012.

[32] 霍学喜，郭亚军，姚顺波.陕西省能源开发水土保持补偿标准估算——生态服务功能价值法的应用 [J]. 生态系统服务评价与补偿国际研讨会论文集，2008（10）：96-103.

[33] 霍学喜，姚顺波，等.陕西省能源开发水土保持补偿标准研究 [M]. 北京：中国农业出版社，2009.

[34] 姜德文，郭孟霞，等.水土保持补偿理论与机制 [J]. 中国水土保持科学，2006（12）：51-58.

[35] 姜德文.贯彻十九大精神推进新时代水土保持发展 [J]. 中国水土保持，2018（1）：1-5.

[36] 蒋瑞雪.完善陕西油气开发中地下水保护法律体系的思考 [J]. 环境与发展，2016（12）：1-5.

[37] 蒋毓琪，陈珂.流域生态补偿研究综述 [J]. 生态经济，2016（4）：175-180.

[38] 亢志华，等.基于条件价值法意愿调查的环太湖地区有机农业生态补偿 [J]. 江苏农业科学，2018（4）：315-319.

[39] 黎元生，王文烂，胡熠.论构建矿产资源开发的生态补偿机制 [J]. 林业经济问题，2008（3）：202-205.

[40] 李昌林，熊运实，耿宝，等.油气长输管道工程环境影响评价特点浅析 [J]. 油气田环境保护，2012（2）：40-45.

[41] 李国平.矿产资源有偿使用制度与生态补偿机制 [M]. 北京：

经济科学出版社，2014.

［42］李建勇，陈桂珠．生态系统服务功能体系框架整合的探讨［J］．生态科学，2004（6）：179－183.

［43］李宁．长江中游城市群流域生态补偿机制研究［D］．武汉：武汉大学，2018：77－79.

［44］李毅，何冰洋，胡宗义，等．环保背景高管、权力分布与企业环境责任履行［J］．中国管理科学，2023，31（9）：13－21.

［45］李永红，高照良，郭亚军．能源开发对新疆维吾尔自治区水土流失的影响［J］．首都师范大学学报（自然科学版），2012（10）：72－80.

［46］李智广，王海燕，王隽雄．碳达峰与碳中和目标下水土保持碳汇的机理、途径及特征［J］．水土保持通报，2022，42（3）：312－317.

［47］厉国威，俞杨阳．国际比较视野下的碳审计研究——基于新时代我国“双碳”战略目标下的思考［J］．财会通讯，2023，（23）：135－142.

［48］厉桦楠．我国能源资源开发补偿机制构建——以油气资源为例［J］．齐鲁学刊，2019（2）：113－119.

［49］廖梦思，刘兰芳，梁晓娟，等．衡东县洪涝灾害形成机理及综合减灾研究［J］．衡阳师范学院学报，2010（12）：165－168.

［50］林珊，于法稳，刘月清．马克思主义实践观下“双碳”目标的哲学基础、生态蕴意与实践推进［J］．重庆社会科学，2023（12）：142－155.

［51］刘大平，刘成玉．大庆油田石油开采对水文地质环境的影响及应因对策［J］．东北师大学报，2012（3）：136－141.

［52］刘方媛，吴云龙．“双碳”目标下数字化转型与企业 ESG 责任表现：影响效应与作用机制［J］．科技进步与对策，2024（1）：1－10.

［53］刘洋，王甲山．石油资源开发水土保持生态服务功能影响研究［J］．中国石油大学学报，2017（1）：1－5.

［54］刘洋，王甲山．油气资源开发水土保持生态补偿制度的理论基础探究［J］．华北电力大学学报（社会科学版），2017（10）：34－37.

［55］刘洋，等．论我国油气资源开发的水土保持生态补偿制度［J］．

西南石油大学学报，2021（1）：1－7.

[56] 刘洋，等. 石油资源开发的水土保持补偿对策研究［J］. 华北电力大学学报，2021（4）：31－37.

[57] 刘洋，等. 油气资源开采期间水土保持生态补偿标准估算研究［J］. 中国矿业，2021（5）：79－84.

[58] 刘勇生. 煤炭开发负外部性及其补偿机制研究［D］. 北京：北京理工大学，2014：67－87.

[59] 陆桂华. 深入贯彻落实党的十九大精神 奋力开创新时代水土保持工作新局面［J］. 中国水土保持，2018（5）：1－5.

[60] 吕金平，孙东晓. 浅谈长输管道工程水土流失的危害及水土保持［J］. 山西建筑，2010（1）：354－355.

[61] 吕雁琴. 新疆煤炭资源开发生态补偿博弈分析及建议［J］. 干旱区资源与环境，2013（8）：33－38.

[62] 罗云峰. 博弈论教程［M］. 北京：清华大学出版社，2019.

[63] 毛显强，钟瑜，张胜. 生态补偿的理论探讨［J］. 中国人口·资源与环境，2002（12）：38－41.

[64] 孟凡明. 油气管道工程中的水土保持问题探求［J］. 科技创新导报，2009（9）：112.

[65] 聂国卿，易志华. 区域生态系统服务价值的评估研究——以湖南省为例［J］. 商学研究. 2019（6）：67－73.

[66] 牛崇桓，陈云明. 国外水土保持概况（I）［J］. 水土保持科技情报，1997（5）：4－5.

[67] 牛崇桓. 新水土保持法主要制度解读［J］. 中国水利，2011（12）：47－57.

[68] 彭珂珊. 我国水土保持在生态文明建设中的实践与思考［J］. 首都师范大学学报，2016（10）：58－69.

[69] 钱基. 关于中国油气资源潜力的几个问题［J］. 石油与天然气地质，2004（8）：363－368.

[70] 陕西省国家水土保持重点工程建设进度加快［EB/OL］. http://www.gov.cn/xinwen/2017－10/27/content_ 5234768. htm.

[71] 任冬林，刘檠，张明善. 我国西部地区战略性矿产资源开发生

态补偿研究［M］. 北京：中国经济出版社，2012.

［72］任世丹. 重点生态功能区生态补偿立法研究［M］. 北京：法律出版社，2023.

［73］陕西省人大常委会执法检查组关于《水土保持法》和《陕西省水土保持条例》执法检查情况的报告. 陕西省人民代表大会常务委员会网站［EB/OL］. http：//www.sxrd.gov.cn/shanxi/2017ndlq/112310.htm，2018－02－27.

［74］申草，等. 宁夏水土保持生态补偿优先区识别［J］. 干旱区研究，2023，40（9）：1527－1536.

［75］沈海花，等. 中国草地资源的现状分析［J］. 科学，2016，61（2）：139－154.

［76］史淑娟. 大型跨流域调水水源区生态补偿研究［D］. 西安：西安理工大学，2010：15－20.

［77］水土保持补偿机制研究课题组. 我国水土保持补偿类型划分及机制研究［J］. 中国水利，2009（14）：99－104.

［78］水土保持法［M］. 北京：中国法制出版社，2011.

［79］《水土保持法》释义（连载一）［J］. 河南水利与南水北调，2011（3）：58－68.

［80］《水土保持法》释义（三）［J］. 中国水利，2011（4）：58－68.

［81］宋婧. 论油气资源开发生态补偿制度的理论基础［J］. 甘肃理论学刊，2012（9）：116－121

［82］宋蕾. 矿产资源开发的生态补偿研究［M］. 北京：中国经济出版社，2012.

［83］宋立全，等. 大庆湿地类型及文化旅游价值估算［J］. 森林工程，2012（3）：83－86.

［84］苏芳，梁秀芳，陈绍俭，等. 制度压力对企业环境责任的影响——来自中国上市公司的证据［J］. 中国环境管理，2022，14（4）：91－101.

［85］孙芳芳，周超. 生态保护补偿模式［M］. 北京：经济出版社，2023.

［86］孙晓娟，韩艳利，毛予捷. 黄河流域生态保护补偿机制建设的

立法建议 [J]. 人民黄河, 2021, 43 (11): 13-16.

[87] 孙晓曦, 苗领, 王彦杰. 传统产业数字化转型赋能“双碳”目标实现——传导机制、关键问题与路径优化 [J]. 技术经济与管理研究, 2023 (12): 97-101.

[88] 田野宏. 大兴安岭北部白桦次生林降雨再分配特征研究 [J]. 水土保持学报, 2014, 28 (3): 109-113.

[89] 王海燕, 等. 油田道路对水土保持功能的影响评价 [J]. 水土保持通报, 2018 (12): 127-131.

[90] 王甲山, 刘洋. 油气资源开发生态环境税费研究 [J]. 中国石油大学学报, 2016 (4): 6-10.

[91] 王甲山, 刘洋. 中国水土保持生态补偿机制研究述评 [J]. 生态经济, 2017 (3): 165-169.

[92] 王甲山, 孙彦彬, 彭民. 油气生产建设对水土流失的影响及防治 [J]. 辽宁工程技术大学学报 (社会科学版), 2014 (7): 349-351.

[93] 王甲山, 王井中. 我国矿产资源可持续发展税费问题研究 [J]. 资源与产业, 2007 (6): 10-13.

[94] 王甲山, 许瀚予, 李绍萍. 基于矿产资源开发生态保护的税费政策研究 [J]. 基于矿产资源开发生态保护的税费政策研究, 2013 (9): 61-63.

[95] 王金龙, 等. 京冀水源涵养林生态效益计量研究——基于森林生态系统服务价值理论 [J]. 生态经济, 2016, 32 (1): 186-190.

[96] 王楠. 我国页岩气开发环境问题研究 [J]. 当代经济, 2014 (1): 62-65.

[97] 王前进, 王希群, 陆诗雷, 等. 生态补偿的经济学理论基础及中国的实践 [J]. 林业经济, 2019 (1): 51-58.

[98] 王韶华, 杨志葳, 张伟, 等. “双碳”背景下碳排放国内外文献研究综述——基于科学知识图谱可视化及发展脉络梳理 [J]. 生态经济, 2023, 39 (12): 222-229.

[99] 王树义, 张雪峰. “双碳”背景下可再生能源消纳保障机制的软法之治 [J]. 南京工业大学学报 (社会科学版), 2023, 22 (6): 21-35, 109.

[100] 王莹，彭秀丽．基于演化博弈的矿产资源生态补偿机制研究面[J]．环境科学与技术，2019（6）：261－266．

[101] 王悦明，王继富．大庆市大同区八井子乡石油污染现状及治理对策[J]．环境保护科学，2014（8）：65－69．

[102] 王振宇，连家明．矿产资源开发水土流失补偿标准研究[M]．北京：经济科学出版社，2012．

[103] 吴岚．水土保持生态服务功能及其价值研究[D]．北京：北京林业大学，2007：46－49．

[104] 吴朔桦，韩紫茜，王冬梅．东江源区水土保持生态补偿制度构建初探[J]．中国水土保持，2013（8）：46－49．

[105] 吴宇．生态系统服务功能的物权客体属性及实现路径[J]．南京工业大学学报（社会科学版），2021，20（3）：53－64．

[106] 徐朝亮．江西省矿产资源开发生态补偿研究[D]．南昌：东华理工大学，2019：29－34．

[107] 徐大伟，等．生态补偿标准测算与居民偿付意愿差异性分析——以怒江流域上游地区为例[J]．系统工程，2015（5）：81－88．

[108] 徐伟义，等．中国森林植被生物量空间网格化估计[J]．自然资源学报，2018，33（10）：1725－1740．

[109] 徐智，等．甘肃省水土保持生态补偿制度构建初探[J]．中国水土保持，2015（8）：3－6．

[110] 叶立国，李笑春．系统论视阈下生态补偿体系的构建[J]．生态经济，2013（10）：45－48．

[111] 易莉，刘志辉，等．石油开发对环境影响的初步分析及评价——以新疆吐鲁番地区为例[J]．干旱区资源与环境，2007（4）：31－36．

[112] 余超，等．1994～2013年安徽省森林生物量与生产力动态变化分析[J]．长江流域资源与环境，2015，24（1）：53－61．

[113] 余新晓，贾国栋，郑鹏飞．碳中和的水土保持实现途径和对策[J]．中国水土保持科学，2021，19（6）：138－144．

[114] 张长印，宋晓强，王海燕．水土保持与生态文明[J]．中国水土保持，2008（2）：12－14．

[115] 张复明，景普秋，等．矿产开发的资源生态环境补偿机制研究

[M]. 北京：经济科学出版社，2010.

[116] 张鹏，等. 京津冀一体化进程中县域生态补偿机制研究：以保定市定兴县为例 [J]. 生态与农村环境学报，2019 (6)：747 -755.

[117] 张倩. 基于演化博弈视角的矿产资源开发生态补偿问题研究 [J]. 资源开发与市场，2016 (2)：165 -169.

[118] 张姝，谢永红. 土壤保护初探 [J]. 现代农业，2005 (12)：34 -35.

[119] 张维迎. 博弈论与信息经济学 [M]. 上海：上海三联书店，2019.

[120] 张炜，姚增. 我国石油天然气开发对鄂尔多斯盆地水土流失的影响与对策 [J]. 地下水，2017 (11)：34 -35.

[121] 张新华，谷树忠. 新疆矿产资源开发效应及其对利益相关者的影响 [J]. 资源科学，2011 (3)：441 -449.

[122] 赵建民，李靖. 基于生态系统服务的水土保持综合效益评价研究 [M]. 银川：宁夏人民教育出版社，2012.

[123] 赵修军，赵东力，等. 注水采油对中原油田生态环境的影响分析 [J]. 中国环境管理干部学院学报，2017 (12)：8 -10.

[124] 赵忠宝，等. 中国森林资源核算研究 [M]. 北京：中国环境出版社，2020.

[125] 郑玲微，张凤麟. 论我国矿产资源生态税费体系的构建 [J]. 中国矿业，2010 (7)：25 -28.

[126] 郑梦，常哲仁. 绿色低碳转型与企业环境社会责任——基于低碳城市试点的准自然实验 [J]. 经济与管理研究，2023，44 (7)：126 -144.

[127] 中共中央 国务院. 关于完整准确全面贯彻新发展理念做好碳达峰碳中和工作的意见 [EB/OL]. https://www.gov.cn/zhengce/2021 -10/24/content_5644613.htm，2021 -9 -22/2023 -1 -8.

[128] 中共中央 国务院. 2030 年前碳达峰行动方案的通知 [EB/OL]. https://www.gov.cn/zhengce/content/2021 -10/26/content_5644984.htm，2021 -10 -26/2023 -1 -8.

[129] 中国矿产资源开发生态补偿制度研究 [D]. 杨凌：西北农林

科技大学，2017：34 –39.

［130］ 中国石油天然气集团公司网站．中国石油天然气集团公司2017年度企业社会责任报告［EB/OL］．http：//www. cnpc. com. cn/cnpc/index. shtml.

［131］ 中国石油天然气集团公司主页［EB/OL］．http：//www. cnpc. com. cn/cnpc/ktysc/ktysc_ index. shtml，2017 –02 –16.

［132］ 中央政府门户网站．中央财政农田水利设施建设和水土保持补助资金399. 97亿元全部拨付中央政府门户网站［EB/OL］．http：//www. gov. cn，2016 –07 –20.

［133］ 钟壬琳．浙江省水土保持补偿费征收过程中存在的问题及建议［J］．浙江水利科技，2018（1）：57 –58.

［134］ 周庆凡，张亚雄．油气资源量含义和评价思路的探讨［J］．石油与天然气地质，2011（6）：474 –480.

［135］ 周以琦，夏春萍，朱珍迎．石油勘探环境风险评价［J］．油气田环境保护，2000（12）：3 –5.

［136］ 邹晓明．矿产资源开发环境生态补偿研究：以江西省为例［M］．北京：经济科学出版社，2020.

［137］ Allen L. Clark，Jennifer Cook Clark. The new reality of mineral development：social and cultural issues in Asia and Pacific nations［J］．Resources Policy，1999（3）：189 –196.

［138］ Arno Behrens，Stefan Giljum，JanKovanda，et al. The material basis of the global economy，Worldwide patterns ofnatural resource extraction and their implications for sustainable resource use policies［J］．Ecological economics，2007（64）：444 –453.

［139］ Babi K，Asselin H，Benzaazoua M. Stakeholders`perceptions of sustainable mining in Morocco：A case study of the abandoned Kettara mine［J］．The Extrsctive Industries and Society，2016（3）：185 –192.

［140］ Catherine Kytsou，Michel Terraza. Stochatic Chaos or ARCH Effects in Stock Series – A Comparative Study［M］．France：University of Montpellier，2002：30 –32.

［141］ Charnes A. Measuring the efficiency of decision making units. Eur. J

[J]. Opl Res. 1978 (2): 430.

[142] Clark, Peter Glavic. A model for integrated assessment of sustainable development [J]. Resources, Conservation and Recycling, 2005 (43): 189 -208.

[143] Cola, Kilburn L. C. Valuation of mineral properties which do not contain exploitable reserves [J]. CIM Bulletin, 1990 (4): 90 -93.

[144] Costanza R, Arge, Groot R D, et al. The value of the world's ecosystem services and natural capital [J]. Nature, 1997, 387 (15): 253 -260.

[145] Crosson. Learning to live in a global commons: socioeconomic challenges for a sustainable environment [J]. Ecological Research, 1983 (3): 328 -333.

[146] Engel S, Pagiola S, Wunder S. Designing payments for environmental services in theory and practice: an overview of the issues [J]. Ecological Economics, 2008 (4): 663 -674.

[147] Firdes Yenilmez, Nazan Kuter, Mustafa Kemal Emil, et al. Evaluation ofpollution levels at an abandoned coal mine site in Turkey with the aid of GIS, 2012 (4): 73 -74.

[148] Frederilsen T. Corporate social responsibility, risk and development in the mining industry [J]. Resources Policy, 2018 (59): 495 -505.

[149] F. W. Wellmer, J. D. Becker-Platen. Sustainable Development and the Exploitation of Mineral, and Energy Eesources: A Reviewf [J]. Int J Earth Sci (Geol Rundsch), 2012 (9): 723 -745.

[150] Gretchen Daily. Nature's Services: Societal Dependence on Natural Ecosystems [M]. Washington D C: Island Press, 1997.

[151] Grima N, Singh S J, Smetschka B. Payment for Ecosystem Services (PES) in Latin America: Analysing the performance of 40 case studie [J]. Ecosystem Services, 2016 (17): 24 -32.

[152] Gylfason, T. Natural Resource, Education, and Economic Development [J]. European Economic Review, 2001 (45): 847 -859.

[153] Kangas J, Ollikainen M. Economic Insights in Ecological Compen-

sations: Market Analysis With an Empirical Application to the Finnish Economy [J]. Ecological Economics, 2019 (159): 54 -67.

[154] Kilburn L. C. Valuation of mineral properties which do not contain exploitable reserves, CIM Bulletin, 1990 (9): 90 -93.

[155] Lanjouw J. O, Mody, A. Innovation and the International Diffusion of Environmentally Responsive Technology [J]. Research Policy, 2010 (25): 549 -571.

[156] Leimona B, Noordwijk M, de Groot R. Fairly efficient, efficiently fair: Lessons from designing and testing payment schemes for ecosystem services in Asia [J]. Ecosystem Services, 2015 (12): 16 -28.

[157] Magrath. Mining's Impact on Community Development in South Africa. Paper prepared for the Workshop on Growth and Diversification in Mineral Economies organized by the United Nations Conference on Trade and Development (UNCTAD), 2000 (9): 7 -9.

[158] Mohammed A J, Inoue M, Shivakoti G. Moving forward incollaborative forest management: role of external actors forsustainable forest socio-ecological systems [J]. Forest Policy and Economics, 2017 (74): 13 -19.

[159] Moran D, Mcvittie A, Allcroft D J, et al. Quantifying public preferences for agri-environmental policy in Scotland: a comparison of methods [J]. Ecological Economic, 2007 (1): 42 -53.

[160] Mutti D, Yakovleva N, Vazqueq D, et al. Corporate social responsibility in the mining industry: Perspectives from stakeholder groups in Argentina [J]. Resources Policy, 2012 (2): 212 -222.

[161] Niak Sian Koh. Safeguards for enhancing ecological compensation in Sweden [J]. Land Use Policy 64, 2017 (2): 186 -199.

[162] Persson U M, Alpizar F. conditonal cash transfers and payments for environmental services: a conceptual frameword for explaining and judging differences in outcomes [J]. World Development, 2013, 43 (3): 124 -137.

[163] Pigou, A. C. The Economics of Welfare [M]. London: Macmillan, 1920.

[164] Simon J A, Fleming M E. Editor's Perspective: Shale Gas, Devel-

opment：Environmental Issues and Opportunities [R]. 2011.

[165] Tran T T H, Zeller M, Suhardiman D. Payments for ecosystem services in Hoa Binh province, Vietnam：An institutional analysis [J]. Ecosystem Services, 2016 (22)：83 -93.

[166] Vincent J R. Spatial dynamics, social norms, and the opportunity of the commons [J]. Ecological Research, 2007 (1)：3 -7.

[167] William J. Baumol, John C. Panzar, Robert D. Willig. Contestable markets and the theory of industry structure [J]. Harcourt Brace Jovanovich, 1988 (5)：511 -522.

[168] Xu X C, Gu X W, Wang Q, et al. Production scheduling optimization considering ecological costs for open pit metal mines [J]. Journal of Cleaner Production, 2018 (180)：210 -221.

后　记

到此为止，本书的研究已告一段落，由于研究水平、资料和时间所限，还有一些问题没有深入展开。如落地原油对土壤和生物污染的长期影响如何评估？水力压裂技术应用的环境危害及可能引发地震灾难的损失如何估量？油气资源开发水土保持碳汇价值如何测算？水土保持补偿费按照吨油产量计征对油气企业的影响效果怎样？虽然研究中提出了一些水土保持补偿制度建设方面的构想，但是水土保持补偿制度效果需要长期监测、观察，并需要在实际应用中不断积累和改进，这些问题都深深鞭策着笔者继续努力前行。

本书由刘洋执笔第2章、第3章、第5章、第6章、第7章，颜冰执笔第1章、第4章和第8章。两位作者虽然在油气资源开发水土保持、生态环境保护与能源政策、“双碳”战略与能源行业企业发展等领域大胆探索，但将本书作为油气资源开发水土保持生态补偿制度框架设计的初步成果呈现出来时，仍觉尚有许多问题亟待深入而心怀惴惴，恳请各位专家、学者能够给予更多指导。

刘洋　颜冰
2024年6月于东北石油大学